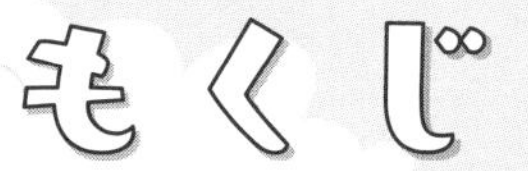

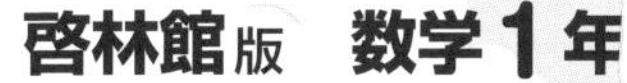

テストの範囲や学習予定日をかこう！

出題範囲	学習予定日
5/14 テストの日	5/10
	5/11

1章 正の数・負の数

1節 正の数・負の数

テストに出る！ 教科書のココが要点

さらっとまとめ（赤シートを使って，□に入るものを考えよう。）

1 符号のついた数 教 p.12〜p.16

・0より大きい数を［正の数］という。例 +3 →「プラス3」と読む。

・0より小さい数を［負の数］という。例 −7 →「マイナス7」と読む。

・正の整数を［自然数］ともいう。注 自然数に［0］はふくまない。

・収入と支出のように，たがいに反対の性質をもつと考えられる量は，正の数，負の数を使って表すことができる。

例 収入⇔支出　北⇔南　東⇔西　高い⇔低い　利益⇔損失

2 絶対値と数の大小 教 p.17〜p.20

・数直線上で，0からある数までの距離を，その数の［絶対値］という。

・不等号　㊫［<］㊅　㊅［>］㊫　※3つの数のときは，㊫［<］㊥［<］㊅

スピード確認（□に入るものを答えよう。答えは，下にあります。）

1

□ −17のような0より小さい数を［①］という。

□ +3のような正の整数のことを［②］という。

□ 下の数直線について，答えなさい。

←負の方向　小さい　　　大きい　正の方向→

−4　［③］　−2　−1　0　+1　［④］　+3　+4

□ 400円の利益を +400円と表すとき，400円の損失を［⑤］と表す。

★利益と損失は反対の性質をもつ。

□ ある地点から200 m南の地点を +200 mで表すとき，200 m北の地点は［⑥］と表す。

2

□ +2の絶対値は［⑦］で，−7の絶対値は［⑧］である。

★絶対値を考えるときは，その数の符号をとればよい。

□ 絶対値が3である数は［⑨］である。

★0を除いて，絶対値が等しい数は2つある。

□ 次の2数の大小を，不等号を使って表しなさい。

+2［⑩］−3　　　−4［⑪］−1

★数の大小は，数直線をイメージして考えるとよい。

①＿＿＿
②＿＿＿
③＿＿＿
④＿＿＿
⑤＿＿＿
⑥＿＿＿
⑦＿＿＿
⑧＿＿＿
⑨＿＿＿
⑩＿＿＿
⑪＿＿＿

答 ①負の数　②自然数　③−3　④+2　⑤−400円　⑥−200 m　⑦2　⑧7　⑨+3, −3　⑩>　⑪<

基礎力UP テスト対策問題

1 数直線　下の数直線上で，A，B，C，D にあたる数を答えなさい。また，次の数を，下の数直線上に表しなさい。

$+4,\ -3,\ +2.5,\ -\frac{9}{2}$

A(　　　)　B(　　　)　C(　　　)　D(　　　)

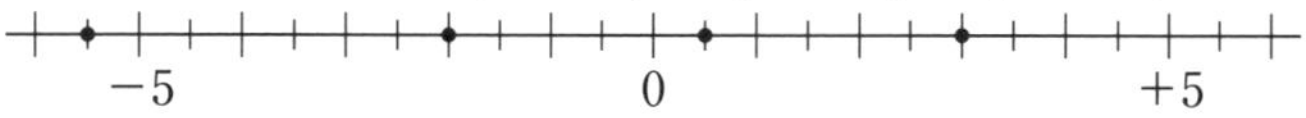

2 符号のついた数　**次の数量を，正の数，負の数を使って表しなさい。**

(1)　現在より 2 時間後のことを +2 時間と表すとき，3 時間前のこと。

(2)　ある品物の重さが基準の重さより 5 kg 軽いことを −5 kg と表すとき，12 kg 重いこと。

3 絶対値と数の大小　**次の問いに答えなさい。**

(1)　次の数の絶対値を答えなさい。

①　−9　　②　+2.5

③　−7.2　　④　$-\frac{3}{5}$

(2)　絶対値が 5 になる数を答えなさい。

(3)　絶対値が 4.5 より小さい整数は全部で何個ありますか。

(4)　次の各組の数の大小を，不等号を使って表しなさい。

①　+2，−7　　②　−3，−5

③　+5，−7，−4　　④　−0.1，−1，+0.01

(5)　数直線を使って，−3 より 2 大きい数を答えなさい。

(6)　数直線を使って，2 より −3 大きい数を答えなさい。

テスト対策ナビ

ポイント

整数や小数，分数などの数は数直線上に表すことができ，右の方にある数ほど大きくなっている。

2 反対の性質をもつと考えられる量は，正の数，負の数を使って表せる。

(1)　「後」⇔「前」

(2)　「軽い」⇔「重い」

負の数の大小や絶対値の問題は数直線をかいて判断しよう。

ミス注意！

3 つの数の大小を不等号で表すときは，

「㊧<㊥<㊫」

または，

「㊫>㊥>㊧」

と表す。

解答 p.1

テストに出る！

予想問題 1章 正の数・負の数 1節 正の数・負の数

20分

/12問中

1 よく出る 正の数・負の数 次の問いに答えなさい。

(1) 0°C より高い温度を正の数，低い温度を負の数で表しなさい。

① 0°C より 6°C 低い温度　　② 0°C より 3.5°C 高い温度

(2) ある地点から 500 m 東の地点を ＋500 m と表すとき，次の数量はどんな地点を表しますか。

① ＋800 m　　② －300 m

2 数の大小 次の各組の数の大小を，不等号を使って表しなさい。

(1) －5，＋3　　(2) －4，－4.5

(3) ＋0.4，0，－0.04　　(4) －0.3，$-\frac{1}{4}$，$-\frac{2}{5}$

3 絶対値 次の 8 つの数について，下の問いに答えなさい。

$-2 \quad +\frac{2}{3} \quad -2.3 \quad 0 \quad -\frac{5}{2} \quad +2 \quad -0.8 \quad +1.5$

(1) もっとも小さい数を答えなさい。

(2) 絶対値が等しいものはどれとどれですか。

(3) 絶対値が小さい方から 2 番目の数を答えなさい。

(4) 絶対値が 1 より小さい数は全部で何個ありますか。

3 分数は小数になおして考える。 $+\frac{2}{3}=+0.66\cdots$，$-\frac{5}{2}=-2.5$

2節 正の数・負の数の計算　3節 正の数・負の数の利用

テストに出る！ 教科書のココが要点

さらっとまとめ (赤シートを使って，□に入るものを考えよう。)

1 加法，減法 教 p.22～p.30

・正の数・負の数をひくには，[符号]を変えた数をたせばよい。 例 $3-(+2)=3+(-2)$

・加法と減法の混じった式では，加法だけの式になおして計算する。

2 乗法，除法 教 p.31～p.40

・正の数・負の数でわるには，その数の[逆数]をかければよい。

・積の符号　負の符号の個数が偶数個→[＋]　　負の符号の個数が奇数個→[－]

・いくつかの同じ数の積は，指数を使って表す。 例 $5\times5\times5=5^3$←[指数]

3 四則をふくむ式の計算 教 p.41～p.42

・かっこの中の計算 ⇒ 乗除の計算 ⇒ 加減の計算

4 素因数分解 教 p.44～p.48

・1とその数のほかに約数がない自然数を[素数]という。注 [1]は素数にふくめない。

・自然数を素数だけの積で表すことを[素因数分解]するという。例 $60=2^2\times3\times5$

スピード確認 (□に入るものを答えよう。答えは，下にあります。)

1

□ $(-2)+(-5)=-(2+5)=$[①]

★同符号の2数の和は，絶対値の和に，2数と同じ符号をつける。

□ $(-2)+(+5)=+(5-2)=$[②]

★異符号の2数の和は，絶対値の大きい方から小さい方をひいた差に，絶対値の大きい方の符号をつける。

□ $(+4)-(+7)=(+4)+(-7)=-(7-4)=$[③]

2

□ $(-2)\times(-5)=+(2\times5)=$[④]

★2数の積の符号　$(+)\times(+)\to(+)$　$(-)\times(-)\to(+)$　$(+)\times(-)\to(-)$　$(-)\times(+)\to(-)$

□ $(-2)^2=$[⑤]　□ $-2^2=$[⑥]　□ $(-2)^3=$[⑦]

★$(-2)^2=(-2)\times(-2)$　★$-2^2=-(2\times2)$　★$(-2)^3=(-2)\times(-2)\times(-2)$

□ $(-10)\div(-5)=+(10\div5)=$[⑧]

★2数の商の符号　$(+)\div(+)\to(+)$　$(-)\div(-)\to(+)$　$(+)\div(-)\to(-)$　$(-)\div(+)\to(-)$

4

□ $90=2\times$[⑨]$\times5$　□ $168=$[⑩]$\times3\times7$

★数を素数だけの積で表す。同じ数の積は指数を使って表す。

①＿＿
②＿＿
③＿＿
④＿＿
⑤＿＿
⑥＿＿
⑦＿＿
⑧＿＿
⑨＿＿
⑩＿＿

答 ①-7 ②$+3$ (3) ③-3 ④$+10$ (10) ⑤$+4$ (4) ⑥-4 ⑦-8 ⑧$+2$ (2) ⑨$3^2$ ⑩2^3

基礎力UP テスト対策問題

1 加法，減法　次の計算をしなさい。

(1) $(-8)+(+3)$　　(2) $(-6)-(-4)$

(3) $(+5)+(-8)+(+6)$　　(4) $-6-(+5)+(-11)$

(5) $-9+3+(-7)-(-5)$　　(6) $2-8-4+6$

2 乗法　次の計算をしなさい。

(1) $(+8)\times(+6)$　　(2) $(-4)\times(-12)$

(3) $(-5)\times(+7)$　　(4) $\left(-\frac{3}{5}\right)\times15$

3 逆数　次の数の逆数を求めなさい。

(1) $-\frac{1}{10}$　　(2) $\frac{17}{5}$　　(3) -21　　(4) 0.6

4 除法　次の計算をしなさい。

(1) $(+54)\div(-9)$　　(2) $(-72)\div(-6)$

(3) $(-8)\div(+36)$　　(4) $18\div\left(-\frac{6}{5}\right)$

5 指数をふくむ計算　次の計算をしなさい。

(1) $(-1)^3$　　(2) -6^2

(3) $(-5)\times(-5^2)$　　(4) $(5\times2)^3$

6 素因数分解　次の自然数を，素因数分解しなさい。

(1) 132　　(2) 189　　(3) 350

テスト対策ナビ

ポイント

■$+(+$●$)=$■$+$●
■$+(-$●$)=$■$-$●
■$-(+$●$)=$■$-$●
■$-(-$●$)=$■$+$●

乗除だけの式の計算は，まず符号から考えよう。

小数は分数になおしてから逆数を考えるよ。

絶対に覚える!

指数をふくむ計算

$(-4)^2=(-4)\times(-4)$（2：指数）
⇒-4 を 2 個かけあわせる。

$-4^2=-(4\times4)$
⇒ 4 を 2 個かけあわせる。

テストに出る！

予想問題 ①　1章 正の数・負の数　2節 正の数・負の数の計算

20分　/18問中

1 よく出る　加法，減法　次の計算をしなさい。

(1) $(+9)+(+13)$

(2) $(-11)-(-27)$

(3) $(-7.5)+(-2.1)$

(4) $\left(+\dfrac{2}{3}\right)-\left(+\dfrac{1}{2}\right)$

(5) $-7+(-9)-(-13)$

(6) $6-8-(-11)+(-15)$

(7) $-3.2+(-4.8)+5$

(8) $4-(-3.2)+\left(-\dfrac{2}{5}\right)$

(9) $2-0.8-4.7+6.8$

(10) $-1+\dfrac{1}{3}-\dfrac{5}{6}+\dfrac{3}{4}$

2 よく出る　乗法　次の計算をしなさい。

(1) $(+15)\times(-8)$

(2) $(+0.4)\times(-2.3)$

(3) $0\times(-3.5)$

(4) $\left(-\dfrac{2}{3}\right)\times\left(-\dfrac{3}{4}\right)$

3 よく出る　除法　次の計算をしなさい。

(1) $(-108)\div 12$

(2) $0\div(-13)$

(3) $\left(-\dfrac{35}{8}\right)\div(-7)$

(4) $\left(-\dfrac{4}{3}\right)\div\dfrac{2}{9}$

1 負の数をたしたり，ひいたりするときに，符号のミスが起こりやすいので注意する。

(5) $-7\underline{+(-}9)\underline{-(-}13)=-7\underline{-}9\underline{+}13$

解答 p.3

テストに出る！

予想問題 ② 1章 正の数・負の数 2節 正の数・負の数の計算

20分

/20問中

1 計算のくふう　次の計算をしなさい。

(1) $4\times(-17)\times(-5)$

(2) $13\times(-25)\times4$

(3) $-3\times(-8)\times(-125)$

(4) $18\times23\times\left(-\frac{1}{6}\right)$

2 よく出る　乗除の混じった計算　次の計算をしなさい。

(1) $9\div(-6)\times(-8)$

(2) $(-96)\times(-2)\div(-12)$

(3) $-5\times16\div\left(-\frac{5}{8}\right)$

(4) $18\div\left(-\frac{3}{8}\right)\times\left(-\frac{5}{16}\right)$

(5) $\left(-\frac{3}{4}\right)\times\frac{8}{3}\div0.2$

(6) $-\frac{9}{7}\times\left(-\frac{21}{4}\right)\div\frac{27}{14}$

(7) $(-3)\div(-12)\times32\div(-4)^2$

(8) $(-20)\div(-15)\times(-3^2)$

3 よく出る　四則をふくむ式の計算　次の計算をしなさい。

(1) $4-(-6)\times(-8)$

(2) $-7-24\div(-8)$

(3) $6\times(-5)-(-20)$

(4) $6.3\div(-4.2)-(-3)$

(5) $-4^2\div8-3\times(-2)^3$

(6) $\frac{6}{5}+\frac{3}{10}\times\left(-\frac{2}{3}\right)$

(7) $\frac{3}{4}\div\left(-\frac{2}{7}\right)-\left(-\frac{3}{2}\right)\times\frac{5}{4}$

(8) $(9-3\times2)-12\div(-2^2)$

成績UPナビ

1 ■交換法則　$a+b=b+a$　$a\times b=b\times a$

■結合法則　$(a+b)+c=a+(b+c)$　$(a\times b)\times c=a\times(b\times c)$

テストに出る！

予想問題 ③

1章 正の数・負の数
2節 正の数・負の数の計算　3節 正の数・負の数の利用

🕓20分　/11問中

1 数の世界　右の図は，集合として，自然数，整数，数全体の関係を表したものです。次の数は，㋐～㋒のどこにあてはまりますか。記号で答えなさい。

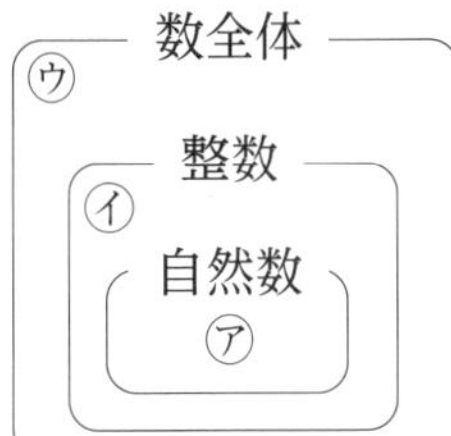

(1)　-2　　(2)　5　　(3)　0.2　　(4)　$-\frac{2}{3}$　　(5)　0

2 表の読みとり　下の表は，A～Fの6人の生徒の身長を，160 cm を基準にして，それより高い場合を正の数，低い場合を負の数で表したものです。

	A	B	C	D	E	F
基準との違い (cm)	$+3$	-2	0	$+8$	-4	-6

(1)　Aの身長は何 cm ですか。

(2)　もっとも背が高い生徒ともっとも背が低い生徒の身長の違いは何 cm ですか。

(3)　Dの身長を基準にしたときのEの身長を，Dより高い場合は正の数，低い場合は負の数で表しなさい。

3 正の数・負の数の利用　右の表は，A，B，C，Dの4人の生徒が使ったノートの冊数を，クラスの人全員が使ったノートの冊数の平均を基準にして，それより多い場合を正の数，少ない場合を負の数で表したものです。Aが使ったノートの冊数を21冊とするとき，次の問いに答えなさい。

	A	B	C	D
平均との違い (冊)	-4	0	$+2$	-6

(1)　Aが使ったノートの冊数は，Cが使ったノートの冊数より何冊多いですか。

(2)　もっとも多く使った人ともっとも少なかった人との冊数の差は何冊ですか。

(3)　A，B，C，Dの4人が使ったノートの冊数の平均を求めなさい。

1 「自然数」は「正の整数」のこと。「整数」は「負の整数」，「0」，「正の整数」のこと。それ以外の数は「数全体」に分類する。

テストに出る！

章末予想問題　1章　正の数・負の数

30分

/100点

1　次の問いに答えなさい。　4点×2〔8点〕

(1)　現在から5分後を $+5$ 分と表すことにすれば，10分前はどのように表されますか。

(2)　「余る」を使って，「2万円たりない」を表しなさい。

2　次の計算をしなさい。　4点×4〔16点〕

(1)　$(-8)+(-5)-(-6)$

(2)　$6-(-2)-11-(+7)$

(3)　$-\frac{2}{5}-0.6-\left(-\frac{5}{7}\right)$

(4)　$-1.5+\frac{1}{3}-\frac{1}{2}+\frac{1}{4}$

3　次の計算をしなさい。　4点×12〔48点〕

(1)　$(-2)\times(-5)^2$

(2)　$(-81)\div(-3^3)$

(3)　$-12\div18\times(-4)$

(4)　$-2^2\div(-1)^3\times(-3)$

(5)　$4\times(-3)^2-32\div(-2)^3$

(6)　$(-4)^2-4^2\times3$

(7)　$-24\div\{(-3)^2-(8-11)\}$

(8)　$16-(9-13)\times(-7)$

(9)　$-\frac{2}{3}\times(-12)-(-3)\div\frac{1}{2}$

(10)　$-1.4+\left(-\frac{3}{5}+\frac{1}{3}\right)\div\left(-\frac{2}{3}\right)$

(11)　$15\times\left(\frac{2}{3}-\frac{3}{5}\right)$

(12)　$3\times(-18)+3\times(-32)$

解答 p.4

満点ゲット作戦
四則計算のしかたを整理しておこう。指数の計算は，どの数を何個かけあわせるのか確かめよう。**例** $-4^2=-(4\times4)$

ココが要点を再確認 もう一歩 合格
0 70 85 100点

4 右の表で，どの縦，横，斜めの 3 つの数を加えても，和が等しくなるようにします。(ア)～(オ)にあてはめる数を求めなさい。〔7 点〕

+2	(ア)	(イ)
(ウ)	−1	(エ)
(オ)	+3	−4

5 600 をできるだけ小さい数でわって，ある数の 2 乗にするには，どんな数でわればよいですか。〔7 点〕

6 差がつく 下の表は，A～Hの 8 人の生徒のテストの得点を，60 点を基準にして，それより高い場合を正の数，低い場合を負の数で表したものです。7 点×2〔14 点〕

	A	B	C	D	E	F	G	H
基準との違い(点)	+6	−8	+18	−5	0	−15	+11	−3

(1) 8 人の得点について，基準との違いの平均を求めなさい。

(2) 8 人の得点の平均を求めなさい。

1	(1)	(2)	
2	(1)	(2)	(3)
	(4)		
3	(1)	(2)	(3)
	(4)	(5)	(6)
	(7)	(8)	(9)
	(10)	(11)	(12)
4	(ア)	(イ)	(ウ)
	(エ)	(オ)	
5			
6	(1)	(2)	

1	2	3	4	5	6
/8点	/16点	/48点	/7点	/7点	/14点

2章 文字の式

1節 文字を使った式　2節 文字式の計算(1)

テストに出る！ 教科書のココが要点

さらっとまとめ（赤シートを使って，□に入るものを考えよう。）

1 文字を使った式 教 p.57～p.67

・文字式の表し方（積）…1 かけ算の記号 ［×］ を省いて書く。　例 $2\times x=2x$

2 文字と数の積では，数を文字の ［前］ に書く。　例 $y\times 5=5y$

3 同じ文字の積は，［指数］ を使って書く。　例 $a\times a=a^2$

・文字式の表し方（商）…4 わり算は，記号 ［÷］ を使わないで，分数の形で書く。　例 $x\div 5=\frac{x}{5}$

・式の値…文字式の文字に数を代入して求めた結果のこと。　※負の数は（　）をつけて代入。

2 文字式の計算（加減） 教 p.68～p.73

・文字式の加法，減法

…文字の部分が同じ項どうし，数の項どうしを，それぞれまとめて簡単にする。

スピード確認（□に入るものを答えよう。答えは，下にあります。）

1

(1) 次の式を，文字式の表し方にしたがって表しなさい。

□ $b\times 3\times a=$ ①　　□ $(x+y)\times(-2)=$ ②

□ $x\times y\times y\times y=$ ③　　□ $x\div(-4)=$ ④

★$b\times a$ は，ふつうはアルファベットの順にして，ab と書く。

(2) 次の数量を表す式を書きなさい。

□ 1個 x 円のりんごを7個買い，1000円出したときのおつりは ⑤ (円) である。

□ 周の長さが a cm の正方形の1辺の長さは ⑥ cm である。

★正方形には，辺が4つある。

(3) $x=-3$ のとき，次の式の値を求めなさい。

□ $2x-5$… ⑦　　□ $4x^2$… ⑧

★$2x-5=2\times(-3)-5$　　★$4x^2=4\times(-3)^2=4\times(-3)\times(-3)$

2

□ $4a-9a=$ ⑨　　□ $2x-7+3x+5=$ ⑩

□ $(5x-3)+(-x-4)=5x-3-x-4=$ ⑪

□ $(-3a+2)-(4a-7)=-3a+2-4a+7=$ ⑫

★ひくほうの式の各項の符号を変えて加える。

①＿＿＿
②＿＿＿
③＿＿＿
④＿＿＿
⑤＿＿＿
⑥＿＿＿
⑦＿＿＿
⑧＿＿＿
⑨＿＿＿
⑩＿＿＿
⑪＿＿＿
⑫＿＿＿

答　①$3ab$　②$-2(x+y)$　③xy^3　④$-\frac{x}{4}\left(-\frac{1}{4}x\right)$　⑤$1000-7x$　⑥$\frac{a}{4}\left(\frac{1}{4}a\right)$　⑦-11　⑧$36$　⑨$-5a$　⑩$5x-2$　⑪$4x-7$　⑫$-7a+9$

基礎力UP テスト対策問題

1 文字式の表し方　次の式を，記号×，÷を使わないで表しなさい。

(1)　$y\times x\times(-1)$　　(2)　$a\times a\times b\times a\times b$

(3)　$4\times x+2$　　(4)　$7-5\times x$

(5)　$(x-y)\times 5$　　(6)　$(x-y)\div 5$

2 数量の表し方　次の数量を表す式を書きなさい。

(1)　1 個 x 円のケーキを 4 個買い，50 円の箱に入れてもらったときの代金

(2)　a km の道のりを 4 時間かけて進んだときの時速

(3)　x 個のみかんを 12 人の子どもに y 個ずつ配ったときに残ったみかんの個数

(4)　x から y をひいた差の 8 倍

3 式の値　$a=\frac{1}{3}$ のとき，次の式の値を求めなさい。

(1)　$12a-2$　　(2)　$-a^2$　　(3)　$\frac{a}{9}$

4 文字式の加法，減法　次の計算をしなさい。

(1)　$8x+5x$　　(2)　$2y-3y$

(3)　$7x+1-6x-5$　　(4)　$4-\frac{5}{2}a+3a-8$

(5)　$(7a-4)+(9a+1)$　　(6)　$(6x-5)-(-3x+8)$

テスト対策ナビ

ミス注意！

■$(x-y)\times 3$
$=3(x-y)$
かっこはそのまま

■$(x-y)\div 3$
$=\frac{x-y}{3}$
かっこはつけない

※$\frac{1}{3}(x-y)$ と書くこともできる。

2 (2) 速さ
＝道のり÷時間

時速 ● km を ● km/h と表すことがあるよ。
h は hour (時) の頭文字だよ。

3 (3) 次のようにしてから，代入する。
$\frac{a}{9}=\frac{1}{9}a=\frac{1}{9}\times a$

文字の部分と数の部分をそれぞれまとめるけれど，文字と数の部分をまとめることはできなかったね。

テストに出る！

予想問題 1　2章 文字の式　1節 文字を使った式

⏱20分　/16問中

1 よく出る　文字式の表し方　次の式を，記号×，÷を使わないで表しなさい。

(1) $x\times(-5)$　(2) $5a\div2$

(3) $a\div3\times b\times b$　(4) $x\div y\div4$

2 ×や÷を使った式　次の式を，記号×，÷を使って表しなさい。

(1) $2ab^2$　(2) $\dfrac{x}{3}$

(3) $-6(x-y)$　(4) $2a-\dfrac{b}{5}$

3 よく出る　数量の表し方　次の数量を，〔　〕の中の単位で表しなさい。

(1) a m のリボンから b cm のリボンを切りとったときの，残ったリボンの長さ〔cm〕

(2) 時速 x km で y 分歩いたときに進んだ道のり〔km〕

4 数量の表し方　次の数量を表す式を書きなさい。

(1) x 人の 21 % の人数　(2) a 円の 9 割の値段

5 式の値　$a=-5$，$b=3$ のとき，次の式の値を求めなさい。

(1) $-2a-10$　(2) $3+(-a)^2$

(3) $2a-4b$　(4) $\dfrac{10}{a}-\dfrac{b}{6}$

3 (1) a m$=100a$ cm　(2) y 分$=\dfrac{y}{60}$ 時間　**4** 割合　1 %…$\dfrac{1}{100}$　1 割…$\dfrac{1}{10}$

 解答 p.5

テストに出る！

予想問題 ❷ 2章 文章の式 2節 文字式の計算 (1)

🕒20分 /18問中

1 よく出る 項と係数　次の式の項を答えなさい。また，文字をふくむ項について，係数を答えなさい。

(1) $3a-5b$　(2) $-2x+\frac{y}{3}$　(3) $x-y-3$

2 よく出る 文字式の加法，減法　次の計算をしなさい。

(1) $4a+7a$　(2) $8b-12b$

(3) $5a-2-4a+3$　(4) $\frac{b}{4}-3+\frac{b}{2}$

(5) $5x+(-2x+3)$　(6) $-3a-(-5a+9)$

(7) $(3x+6)+(-4x-7)$　(8) $(-2x+4)-(3x+4)$

(9) $(7x-5)+(-2x+8)$　(10) $(-6x-5)-(4x-2)$

3 文字式の加法，減法　次の2つの式をたしなさい。また，左の式から右の式をひきなさい。

$9x+1$，$-6x-3$

1 項は $3a-5b=3a+(-5b)$ と和の形にして考える。係数は項の数の部分のこと。

2 係数が1や -1 の項 $(1\times a$ や $-1\times a)$ は，a や $-a$ のように書く。

2節 文字式の計算 (2)

テストに出る! 教科書のココが要点

さらっとまとめ (赤シートを使って，□に入るものを考えよう。)

1 文字式の計算（乗除） 教 p.74〜p.76

・文字式×数…数どうしの積に文字をかける。

例 $3x\times2=3\times x\times2=3\times2\times x=6x$

・文字式÷数…［分数］の形にするか，わる数を［逆数］にしてかける。

例 $6x\div2=\dfrac{6x}{2}=3x$ または $6x\div2=6x\times\dfrac{1}{2}=3x$

・項が2つ以上の式に数をかける…［分配法則］を使って計算する。

$m(a+b)=$［$ma+mb$］　$(a+b)m=$［$am+bm$］

・項が2つ以上の式を数でわる…［分数］の形にするか，［乗法］になおして計算する。

例 $(6x+4)\div2=\dfrac{6x+4}{2}=\dfrac{6x}{2}+\dfrac{4}{2}=3x+2$　※$\dfrac{a+b}{m}=\dfrac{a}{m}+\dfrac{b}{m}$ と考える。

$(6x+4)\div2=(6x+4)\times\dfrac{1}{2}=6x\times\dfrac{1}{2}+4\times\dfrac{1}{2}=3x+2$

2 関係を表す式 教 p.77〜p.80

・等式…［等号］を使って，2つの数量が等しい関係を表した式。

・不等式…［不等号］を使って，2つの数量の大小関係を表した式。

スピード確認 (□に入るものを答えよう。答えは，下にあります。)

1

□ $(-7x)\times(-5)=$［①］　□ $18x\div9=$［②］

□ $-2(3a-4)=$［③］　□ $(6x-8)\div2=$［④］

□ $6\times\dfrac{2x-3}{3}=$［⑤］　□ $\dfrac{6x-7}{2}\times(-8)=$［⑥］

★$6\times\dfrac{2x-3}{3}=\dfrac{\overset{2}{\cancel{6}}\times(2x-3)}{\underset{1}{\cancel{3}}}=2(2x-3)$ と考える。

□ $4(x-2)+3(2x-1)=4x-8+6x-3=$［⑦］

2

□「1分間に a L の割合で30分間水を入れると，b L になる。」このことを等式に表すと，［⑧］となる。

□「1分間に x L の割合で y 分間水を入れると，100 L 以上になる。」このことを不等式に表すと，［⑨］となる。

① ______
② ______
③ ______
④ ______
⑤ ______
⑥ ______
⑦ ______
⑧ ______
⑨ ______

答 ①$35x$ ②$2x$ ③$-6a+8$ ④$3x-4$ ⑤$4x-6$ ⑥$-24x+28$ ⑦$10x-11$ ⑧$30a=b$ ⑨$xy\geqq100$

解答 p.6

基礎力UP テスト対策問題

1 文字式×数，文字式÷数　次の計算をしなさい。

(1) $8a\times6$　　(2) $6\times\frac{1}{6}y$

(3) $15x\div5$　　(4) $3m\div\frac{1}{3}$

2 項が 2 つ以上の式と数の乗除　次の計算をしなさい。

(1) $7(x+2)$　　(2) $(4x-1)\times(-2)$

(3) $\frac{1}{4}(8x-4)$　　(4) $\left(\frac{1}{2}x-\frac{2}{3}\right)\times6$

(5) $(6x-4)\div2$　　(6) $\frac{3x+8}{2}\times4$

3 かっこがある式の計算　次の計算をしなさい。

(1) $2(4x-10)+3(2x+9)$

(2) $5(-2x+1)-3(3x-1)$

4 関係を表す式の意味　ノート 1 冊の値段が x 円，鉛筆 1 本の値段は y 円です。このとき，次の等式や不等式はどんなことを表していますか。

(1) $3x+5y=750$

(2) $x-y=100$

(3) $1000-7y<250$

(4) $6x+5y\geqq1000$

テスト対策ナビ

ポイント

文字式と数の除法は，逆数を使って乗法になおすことができる。

例　$\div2\Rightarrow\times\frac{1}{2}$

絶対に覚える!

分配法則

$m(a+b)=ma+mb$

$(a+b)m=am+bm$

ポイント

等式

$3x+5y=750$

左辺　右辺

両辺

まずは，左辺の表す式の意味を考えよう。

テストに出る！

予想問題 ①　2章 文字の式　2節 文字式の計算 (2)

🕓 20分　/16問中

1 文字式×数，文字式÷数　次の計算をしなさい。

(1) $3x\times(-4)$　　(2) $-8\times2y$

(3) $12a\div(-6)$　　(4) $-4b\div\dfrac{8}{3}$

(5) $(-7)\times\left(-\dfrac{3}{14}x\right)$　　(6) $\dfrac{3}{4}y\div\left(-\dfrac{7}{16}\right)$

2 よく出る　項が 2 つ以上の式と数の乗除　次の計算をしなさい。

(1) $8(3a-7)$　　(2) $-(2m-5)$

(3) $(20a-85)\div(-5)$　　(4) $(15m-3)\div(-3)$

(5) $(-18)\times\dfrac{4a-5}{3}$　　(6) $\dfrac{9x+2}{3}\times15$

3 よく出る　かっこがある式の計算　次の計算をしなさい。

(1) $-2(4-3x)+3(2x-5)$　　(2) $5(3x-6)+2(-x+9)$

(3) $4(2x-1)-3(3x-2)$　　(4) $\dfrac{1}{3}(6x-12)+\dfrac{3}{4}(8x-4)$

3 まずは，分配法則を使ってかっこをはずし，文字の部分が同じ項どうし，数の項どうしを，それぞれまとめて簡単にする。

テストに出る！

予想問題 ②　2章 文字の式　2節 文字式の計算 (2)

20分　/10問中

1 関係を表す式　次の数量の関係を，等式か不等式に表しなさい。

(1) ある数 x の2倍に3をたすと，15より大きくなる。

(2) 1個 a gの品物8個の重さは100gより軽い。

(3) 6人の生徒が x 円ずつ出したときの金額の合計は3000円以上になった。

(4) 1個 a 円のケーキ2個の代金と，1個 b 円のシュークリーム3個の代金は等しい。

(5) 果汁30％のオレンジジュース x mLにふくまれる果汁の量は y mL未満である。

(6) 50個のりんごを1人に a 個ずつ8人に配ると b 個余る。

2 関係を表す式　下の図のように，マッチ棒を並べて正三角形をつくります。

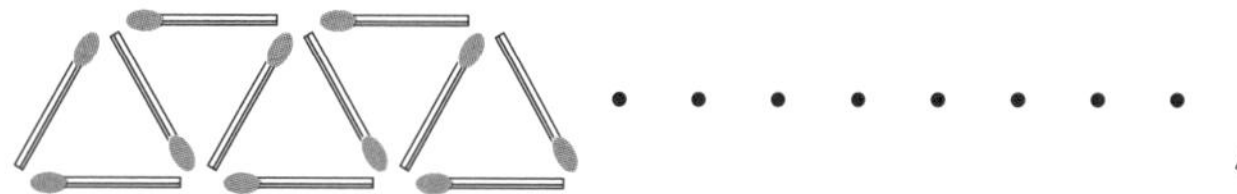

(1) 正三角形を5個つくるとき，マッチ棒は何本必要ですか。

(2) 正三角形を n 個つくるとき，次のような方法で考えて，必要なマッチ棒の本数を求めました。下の①，②にあてはまる数や式を答えなさい。

n 個の正三角形は，左端の1本と，
［①］本のまとまりが n 個でできている
から，マッチ棒の本数を求める式は，
$1+$［①］$\times n=$［②］である。

(3) (2)で求めた式を利用して，正三角形を30個つくるのに必要なマッチ棒の本数を求めなさい。

1 「<，>，≦，≧」の違いを確かめておこう。

2 図から，同じ本数のマッチ棒のかたまりを見つけて，式に表す。

テストに出る！

章末予想問題　2章　文字の式

30分　/100点

1 次の式を，記号×，÷を使わないで表しなさい。　4点×4〔16点〕

(1) $b\times a\times(-2)-5$　　(2) $x\times 3-y\times y\div 2$

(3) $a\div 4\times(b+c)$　　(4) $a\div b\times c\times a\div 3$

2 次の数量を表す式を書きなさい。　4点×6〔24点〕

(1) 6冊でx円のノートの1冊あたりの代金

(2) aの5倍からbをひいたときの差

(3) 縦がx cm，横がy cmの長方形の周の長さ

(4) a kgの8％の重さ

(5) a mの針金からb mの針金を7本切りとったとき，残りの針金の長さ

(6) 分速a mでb分間歩いたときに進んだ道のり

3 1個x円のみかんと，1個y円のりんごがあります。このとき，$2x+2y$はどんなことを表していますか。　〔8点〕

4 $x=-6$ のとき，次の式の値を求めなさい。　5点×2〔10点〕

(1) $3x+2x^2$　　(2) $\dfrac{x}{2}-\dfrac{3}{x}$

満点ゲット作戦
文字式の表し方を確認しておこう。かっこをはずすときは符号に注意しよう。例 $-3(a+2)=-3a-6$

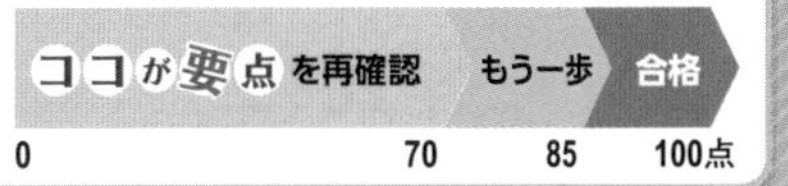

5 差がつく 次の計算をしなさい。 5点×6〔30点〕

(1) $-x+7+4x-9$

(2) $\frac{1}{2}a-1-2a+\frac{2}{3}$

(3) $\left(\frac{1}{3}a-2\right)-\left(\frac{3}{2}a-\frac{5}{4}\right)$

(4) $\frac{4x-3}{7}\times(-28)$

(5) $(-63x+28)\div7$

(6) $2(3x-7)-3(4x-5)$

6 次の数量の関係を，等式か不等式に表しなさい。 6点×2〔12点〕

(1) ある数 x の 2 倍は，x に 6 を加えた数に等しい。

(2) x 人いたバスの乗客のうち 10 人降りて y 人乗ってきたので，残りの乗客は 25 人以下になった。

1	(1)	(2)	(3)
	(4)		
2	(1)	(2)	(3)
	(4)	(5)	(6)
3			
4	(1)	(2)	
5	(1)	(2)	(3)
	(4)	(5)	(6)
6	(1)	(2)	

1	2	3	4	5	6
/16点	/24点	/8点	/10点	/30点	/12点

1節 方程式(1)

テストに出る! 教科書のココが要点

さらっとまとめ (赤シートを使って，□に入るものを考えよう。)

1 方程式とその解 教 p.88～p.91

・まだわかっていない数を表す文字をふくむ等式を［方程式］という。

・方程式を成り立たせる文字の値を，その方程式の［解］といい，その解を求めることを，方程式を［解く］という。

・等式の性質

$A=B$ ならば， [1] $A+C=$［$B+C$］ [2] $A-C=$［$B-C$］ [3] $A\times C=$［$B\times C$］

[4] $A\div C=$［$B\div C$］ (Cは0ではない) [5] $B=A$

2 方程式の解き方 教 p.92～p.93

・方程式を解くには，「$x=$□」の形に変形すればよい。

・等式の一方の辺の項を，符号を変えて，他方の辺に移すことを［移項］するという。

・方程式を解くには，等式の性質を利用したり，移項の考え方を利用する。

例 $3x-5=2x$

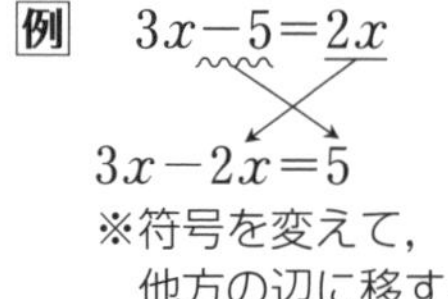

$3x-2x=5$

※符号を変えて，他方の辺に移す。

スピード確認 (□に入るものを答えよう。答えは，下にあります。)

□ 方程式を解く手順

[1] ［①］することによって，文字の項を一方の辺に，数の項を他方の辺に集める。

[2] $ax=b$ の形にする。

[3] 両辺をxの係数［②］でわる。

★求めた解をもとの方程式に代入して「検算」すると，その解が正しいかどうかを確かめることができる。

2 □ 方程式 $2x-1=6x+9$ を解きなさい。

$2x-1=6x+9$

$2x$［③］$6x=9$［④］1

$-4x=10$

$\dfrac{-4x}{［⑤］}=\dfrac{10}{［⑥］}$

$x=$［⑦］

※等式の性質を使って
$2x-1=6x+9$ を解くと，
〈1〉両辺に1をたして，
$2x=6x+10$
〈2〉両辺から$6x$をひいて，
$-4x=10$
〈3〉両辺を-4でわって，
$x=$［⑦］

①＿＿＿＿
②＿＿＿＿
③＿＿＿＿
④＿＿＿＿
⑤＿＿＿＿
⑥＿＿＿＿
⑦＿＿＿＿

答 ①移項 ②a ③$-$ ④$+$ ⑤-4 ⑥-4 ⑦$-\frac{5}{2}$

解答 p.8

基礎力UP テスト対策問題

1 等式・方程式　等式 $4x+7=19$ について，次の問いに答えなさい。

(1) x が次の値のとき，左辺 $4x+7$ の値を求めなさい。

① $x=1$　　② $x=2$

③ $x=3$　　④ $x=4$

(2) (1)の結果から，等式 $4x+7=19$ が成り立つときの x の値を，番号で答えなさい。

2 等式の性質の利用　次の□にあてはまる数を入れて，方程式を解きなさい。

(1) $x-6=13$

両辺に ① □ をたして，

$x-6+$ ② □ $=13+$ ③ □

したがって，$x=$ ④ □

(2) $\frac{1}{4}x=-3$

両辺に ① □ をかけて，

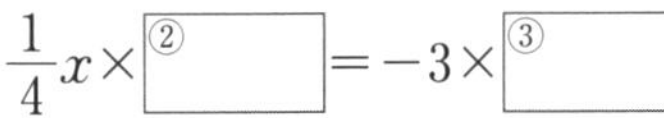

$\frac{1}{4}x\times$ ② □ $=-3\times$ ③ □

したがって，$x=$ ④ □

3 方程式の解き方　次の方程式を解きなさい。

(1) $x+4=13$　　(2) $x-2=-5$

(3) $3x-8=16$　　(4) $6x+4=9$

(5) $x-3=7-x$　　(6) $6+x=-x-4$

(7) $4x-1=7x+8$　　(8) $5x-3=-2x+12$

(9) $8-5x=4-9x$　　(10) $7-2x=6x-9$

テスト対策ナビ

1 (2) 右辺＝19 だから，左辺＝19 となったとき，等式 $4x+7=19$ が成り立つ。

ポイント

等式の性質を使って方程式を解くには，

$x=$□

の形にすることを考えればよい。

(1)では，

$x-6+6=13+6$

とすればよい。

「移項」するときは，符号を変えるのを忘れないようにしよう。

テストに出る！

予想問題 ①　3章 方程式　1節 方程式 (1)

⏱ 20分　/21問中

1 よく出る　方程式の解　-2，-1，0，1，2 のうち，次の方程式の解はどれですか。

(1) $3x-4=-7$

(2) $2x-6=8-5x$

(3) $\frac{1}{3}x+2=x+2$

(4) $4(x-1)=-x+1$

2 方程式の解　次の方程式のうち，2 が解であるものを選び，記号で答えなさい。

㋐ $x-4=-2$

㋑ $3x+7=-13$

㋒ $6x+5=7x-3$

㋓ $4x-9=-5x+9$

3 等式の性質　次のように方程式を解くとき，(　) にはあてはまる符号を，□にはあてはまる数や式を入れなさい。また，〔　〕には下の等式の性質①〜④のどれを使ったかを①〜④の番号で答えなさい。

(1)
$x+8=3$
$x+8$ (①　) $8=3$ (②　) 8　〔④　〕
$x=$ ③□

(2)
$3x=15$
$3x\div$ ①□ $=15\div$ ②□　〔④　〕
$x=$ ③□

(3)
$-2x=14-3x$
$-2x$ ①□ $=14-3x$ ②□　〔④　〕
③□ $=14$

(4)
$\frac{3}{2}x=6$
$\frac{3}{2}x\times$ ①□ $=6\times$ ②□　〔④　〕
$x=$ ③□

$A=B$ ならば，			
① $A+C=B+C$	② $A-C=B-C$	③ $A\times C=B\times C$	④ $A\div C=B\div C$

1 **2** 与えられた値を，左辺と右辺それぞれに代入して，両辺が等しい値になるものが，その方程式の解である。

テストに出る！

予想問題 ❷ 3章 方程式 1節 方程式 (1)

🕓20分　/18問中

1 よく出る 方程式の解き方　次の方程式を解きなさい。

(1) $x-7=3$　　(2) $x+5=12$

(3) $-4x=32$　　(4) $6x=-5$

(5) $\frac{1}{5}x=10$　　(6) $-\frac{2}{3}x=4$

(7) $3x-8=7$　　(8) $-x-4=3$

(9) $9-2x=17$　　(10) $6=4x-2$

(11) $4x=9+3x$　　(12) $7x=8+8x$

(13) $-5x=18-2x$　　(14) $5x-2=-3x$

(15) $6x-4=3x+5$　　(16) $5x-3=3x+9$

(17) $8-7x=-6-5x$　　(18) $2x-13=5x+8$

1 方程式を解くには，等式の性質や移項の考え方を使って，「$x=\square$」の形にすることを考える。移項するときは，符号に注意する。

3章 方程式

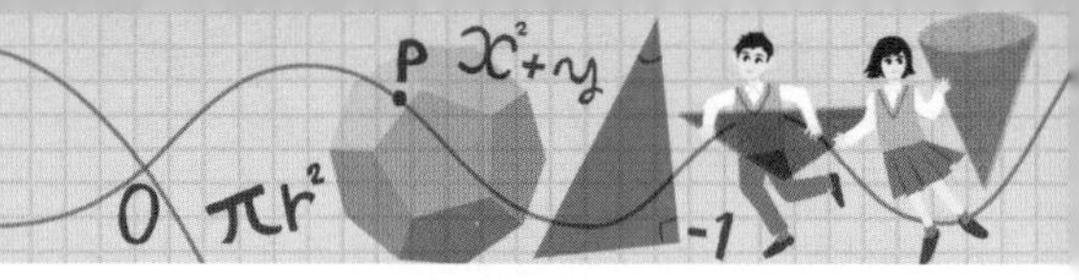

1節 方程式(2)　2節 方程式の利用

テストに出る！ 教科書のココが要点

さらっとまとめ（赤シートを使って，□に入るものを考えよう。）

1 いろいろな方程式 教 p.94〜p.95

・かっこがある方程式は，［かっこをはずして］から解く。

・分数をふくむ方程式は，分母の［公倍数］を両辺にかけて，分母をはらって分数をふくまない式になおしてから解く。

・小数をふくむ方程式は，10，100 などを両辺にかけて，係数を［整数］になおし，小数をふくまない式になおしてから解く。

・解を求めたら，その解で「検算」すると，その解が正しいかどうかを確かめることができる。

2 比例式 教 p.97〜p.98

・$a:b=c:d$ ならば，$ad=$［bc］（比例式の外側の項の積と内側の項の積は等しい。）

3 方程式の利用 教 p.100〜p.107

・問題の中の数量に着目して，数量の関係を見つける。

→ まだわかっていない数量のうち，適当なものを文字で表して，方程式をつくって解く。

→ 方程式の解が，問題にあっているかどうかを調べて，答えを書く。

スピード確認（□に入るものを答えよう。答えは，下にあります。）

3

□ 1個150円のりんごと1個80円のなしを合わせて9個買ったら，代金の合計は1000円でした。このとき，りんごをx個買うとして，下の表の①〜③にあてはまる式を答えなさい。

	りんご	なし	合計
1個の値段(円)	150	80	
個　数　(個)	x	②	9
代　金　(円)	①	③	1000

★文章題を解くときは，表をつくって考えるとよい。

□ 上の問題で，方程式をつくると，④となり，この方程式を解くと，$x=$⑤となる。

★$150x+720-80x=1000$　$70x=1000-720$　$70x=280$

この解は問題にあっているから，

買ったりんごは⑥個，なしは⑦個になる。

★$9-4$

①＿＿＿＿
②＿＿＿＿
③＿＿＿＿
④＿＿＿＿
⑤＿＿＿＿
⑥＿＿＿＿
⑦＿＿＿＿

答 ①$150x$　②$9-x$　③$80(9-x)$　④$150x+80(9-x)=1000$　⑤4　⑥4　⑦5

基礎力UP テスト対策問題

1 いろいろな方程式の解き方　次の方程式を解きなさい。

(1) $2x-3(x+1)=-6$　　(2) $\frac{1}{3}x-2=\frac{5}{6}x-1$

(3) $\frac{x-3}{3}=\frac{x+7}{4}$　　(4) $0.7x-1.5=2$

(5) $1.3x-3=0.2x-0.8$　　(6) $0.4(x+2)=2$

2 比例式　次の比例式を解きなさい。

(1) $x:8=7:4$　　(2) $3:x=9:12$

(3) $2:7=\frac{3}{2}:x$　　(4) $5:2=(x-4):6$

3 速さの問題　兄は 8 時に家を出発して駅に向かいました。弟は 8 時 12 分に家を出発して自転車で兄を追いかけました。兄は分速 80 m，弟は分速 240 m で進むものとします。

(1) 弟が出発してから x 分後に兄に追いつくとして，下の表の①～③にあてはまる式を答えなさい。

	兄	弟
速　さ (m/min)	80	240
かかった時間 (分)	①	x
進んだ道のり (m)	②	③

(2) (1)の表を利用して，方程式をつくりなさい。

(3) (2)でつくった方程式を解いて，弟が兄に追いつくのは 8 時何分になるか求めなさい。

(4) 家から駅までの道のりが 1800 m であるとき，弟が 8 時 16 分に家を出発したとすると，弟は駅に行く途中で兄に追いつくことができますか。

テスト対策ナビ

ミス注意！
かっこがある方程式は，かっこをはずしてから解く。かっこをはずすときは，符号に注意する。
$-○(□-△)$
$=-○×□+○×△$

絶対に覚える！
比例式で与えられた方程式は，比例式の性質を使って解く。
$a:b=c:d$
$\rightarrow ad=bc$

まずは，与えられた条件を，表に整理して，等しい関係にある数量を見つけて，方程式をつくろう。

分速● m を● m/min と表すことがあるよ。min は minute (分) の前半部分だよ。

 解答 p.10

テストに出る!

予想問題 ①

3章 方程式
1節 方程式 (2)

20分

/15問中

1 よく出る かっこがある方程式　次の方程式を解きなさい。

(1) $3(x+8)=x+12$

(2) $2+7(x-1)=2x$

(3) $2(x-4)=3(2x-1)+7$

(4) $9x-(2x-5)=4(x-4)$

2 分数をふくむ方程式　次の方程式を解きなさい。

(1) $\frac{2}{3}x=\frac{1}{2}x-1$

(2) $\frac{x}{2}-1=\frac{x}{4}+\frac{1}{2}$

(3) $\frac{1}{3}x-3=\frac{5}{6}x-\frac{1}{2}$

(4) $\frac{1}{5}x-\frac{1}{6}=\frac{1}{3}x-\frac{2}{5}$

3 分数の形をした方程式　次の方程式を解きなさい。

(1) $\frac{x-1}{2}=\frac{4x+1}{3}$

(2) $\frac{3x-2}{2}=\frac{6x+7}{5}$

4 小数をふくむ方程式　次の方程式を解きなさい。

(1) $0.7x-2.3=3.3$

(2) $0.18x+0.12=-0.6$

(3) $x+3.5=0.25x+0.5$

(4) $0.6x-2=x+0.4$

5 方程式の解　方程式 $2x+\square=7-3x$ の解が2であるとき，□にあてはまる数を求めなさい。

5 解が2だから，方程式 $2x+\square=7-3x$ は $x=2$ のとき成り立つ。
したがって，$2x+\square=7-3x$ の x に2を代入して，□にあてはまる数を求める。

テストに出る！

予想問題 ❷　3章 方程式　1節 方程式(2)　2節 方程式の利用

20分　/11問中

1 比例式　次の比例式を解きなさい。

(1)　$x:6=5:3$　　(2)　$1:2=4:(x+5)$

2 過不足の問題　あるクラスの生徒に画用紙を配ります。1人に4枚ずつ配ると13枚余ります。また，1人に5枚ずつ配ると15枚たりません。

(1)　生徒の人数をx人として，x人に4枚ずつ配ると13枚余ることと，x人に5枚ずつ配ると15枚たりないことを右の図は表しています。右の図の①～④にあてはまる式や数を答えなさい。

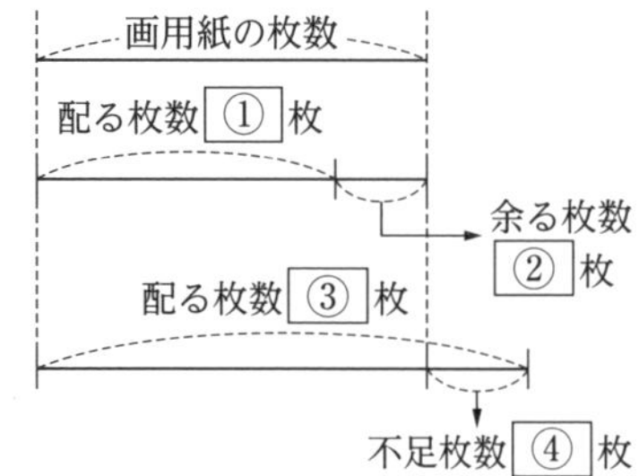

(2)　(1)の図を利用して，画用紙の枚数をxを使った2通りの式に表しなさい。

(3)　方程式をつくり，生徒の人数と画用紙の枚数を求めなさい。

3 よく出る　数の問題　ある数の5倍から12をひいた数と，ある数の3倍に14をたした数は等しくなります。ある数をxとして方程式をつくり，ある数を求めなさい。

4 年齢の問題　現在，父は45歳，子は13歳です。父の年齢が子の年齢の2倍になるのは，今から何年後ですか。2倍になるのが今からx年後として方程式をつくり，何年後になるか求めなさい。

5 速さの問題　山のふもとから山頂までを往復するのに，行きは時速2kmで，帰りは時速3kmで歩いたら，往復で4時間かかりました。山のふもとから山頂までの道のりを$x$kmとして方程式をつくり，山のふもとから山頂までの道のりを求めなさい。

1 (1)　$x\times3=6\times5$　　(2)　$1\times(x+5)=2\times4$

4 今からx年後の父の年齢は$45+x$(歳)，子の年齢は$13+x$(歳)である。

テストに出る！

章末予想問題 3章 方程式

30分

/100点

1 次の方程式のうち，〔 〕の中の値が解になるものには○，解にならないものには×をかきなさい。 4点×4〔16点〕

(1) $x-3=-4$ 〔$x=7$〕

(2) $4x+7=-5$ 〔$x=-3$〕

(3) $2x+5=4-x$ 〔$x=-1$〕

(4) $12-5x=3x-12$ 〔$x=3$〕

2 次の方程式を解きなさい。 4点×8〔32点〕

(1) $4x-21=x$

(2) $6-\frac{1}{2}x=4$

(3) $4-3x=-2-5x$

(4) $0.4x+3=x-\frac{3}{5}$

(5) $5(x+5)=10-8(3-x)$

(6) $0.6(x-1)=3.4x+5$

(7) $\frac{2}{3}x-\frac{1}{4}=\frac{5}{8}x-1$

(8) $\frac{x-2}{3}-\frac{3x-2}{4}=-1$

3 次の比例式を解きなさい。 4点×4〔16点〕

(1) $x:4=3:2$

(2) $9:8=x:32$

(3) $2:\frac{5}{6}=12:x$

(4) $(x+2):15=2:3$

4 差がつく 方程式 $x-\frac{3x-a}{2}=-1$ の解が4であるとき，aにあてはまる数を求めなさい。 〔8点〕

解答 p.11

満点ゲット作戦
方程式を解いたら，その解を代入して，検算しよう。また，文章題では，何をxとおいて考えているのかをはっきりさせよう。

ココが要点を再確認 0 ／ もう一歩 70 ／ 合格 85 ／ 100点

5 差がつく 長いすに生徒が5人ずつすわると，8人の生徒がすわれません。また，生徒が6人ずつすわると，最後の1脚にすわるのは2人になります。長いすの数をx脚として，次の問いに答えなさい。 7点×2〔14点〕

(1) xについての方程式をつくりなさい。

(2) 長いすの数と生徒の人数を求めなさい。

6 A，B 2つの容器にそれぞれ360 mLの水がはいっています。いま，Aの容器からBの容器に何mLかの水を移したら，Aの容器とBの容器にはいっている水の量の比は 4：5 になりました。 7点×2〔14点〕

(1) 移した水の量をx mLとして，xについての比例式をつくりなさい。

(2) Aの容器からBの容器に移した水の量を求めなさい。

1	(1)	(2)	(3)	(4)
2	(1)	(2)	(3)	
	(4)	(5)	(6)	
	(7)	(8)		
3	(1)	(2)	(3)	
	(4)			
4				
5	(1)	(2) 長いす　生徒		
6	(1)	(2)		

1	2	3	4	5	6
/16点	/32点	/16点	/8点	/14点	/14点

1節 関数　2節 比例(1)

テストに出る! 教科書のココが要点

さらっとまとめ（赤シートを使って，□に入るものを考えよう。）

1 関数 教 p.114～p.116

・ともなって変わる2つの変数 x，y があって，x の値を決めると，それに対応して y の値がただ1つに決まるとき，［y は x の関数である］という。

・変数のとる値の範囲を，その変数の［変域］という。

例 $0 \leqq x < 4$ を，数直線上に表すときは右のようにかく。

0　4

端の数をふくむ場合は•，ふくまない場合は◦を使って表す。

2 比例 教 p.118～p.121

・比例…y が x の関数で，その間の関係が［$y=ax$］で表される。※a は［比例定数］。

・y が x に比例するとき，x の値が2倍，3倍，4倍，…になると，y の値も［2倍，3倍，4倍，…］になる。

3 座標 教 p.122～p.123

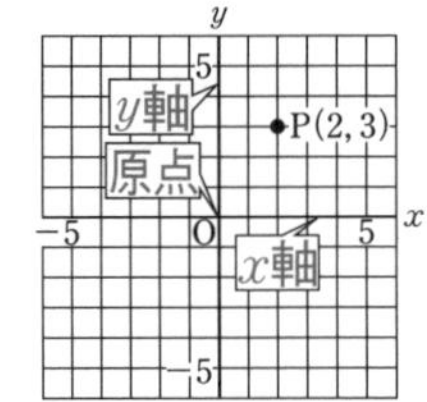

・x 軸と y 軸の両方をあわせて［座標軸］という。

・座標は，(○，□) の形で表す。　例 P(2, 3) ……点Pは原点から右へ2，上へ3だけ進んだところにある。

x 座標（2），y 座標（3）

スピード確認（□に入るものを答えよう。答えは，下にあります。）

1

□ 空の水そうに1秒間に0.3Lの割合で水を入れるとき，水を入れる時間 x の値を決めると，水そうにはいった水の量 y の値がただ1つ決まるので，y は x の［①］である。このとき，水を入れ始めてから x 秒後の水そうにはいった水の量を y L とすると，$y=$［②］と表されるから，y は x に［③］するといえる。

★「$y=ax$」（a は定数）の式で表されるとき，「比例」という。

□ x の変域が -6 以上5以下のとき，不等号を使って，
-6［④］x［⑤］5 と表す。

□ x の変域が -3 より大きく1未満のとき，不等号を使って，
-3［⑥］x［⑦］1 と表す。

★「$a \leqq$○，$a \geqq$○」は，a は○をふくむ。
「$a <$○，$a >$○」は，a は○をふくまない。

3

右の図の点Aの x 座標は［⑧］で y 座標は［⑨］だから，A(［⑧］，［⑨］) と表す。

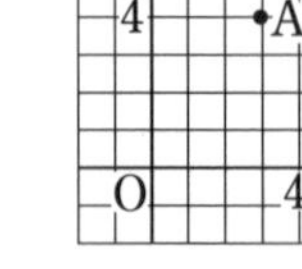

①
②
③
④
⑤
⑥
⑦
⑧
⑨

答 ①関数　②$0.3x$　③比例　④≦　⑤≦　⑥<　⑦<　⑧3　⑨4

解答 p.11

基礎力UP テスト対策問題

1 変域　変数 x のとる値が，次のような範囲のとき，x の変域を，不等号を使って表しなさい。

(1)　−4 以上 3 以下　　　　(2)　0 より大きく 7 未満

2 比例　次の(1)，(2)について，x と y の関係を式に表し，比例定数を答えなさい。

(1)　1 本 50 円の鉛筆を x 本買ったときの代金を y 円とする。

(2)　1 辺が x cm の正方形の周の長さを y cm とする。

3 比例の式　次の問いに答えなさい。

(1)　y は x に比例し，$x=3$ のとき $y=6$ です。

①　x と y の関係を式に表しなさい。

②　$x=-5$ のときの y の値を求めなさい。

(2)　y は x に比例し，$x=6$ のとき $y=-24$ です。

①　x と y の関係を式に表しなさい。

②　$x=-5$ のときの y の値を求めなさい。

4 座標　右の図で，点 A，B，C，D の座標を答えなさい。

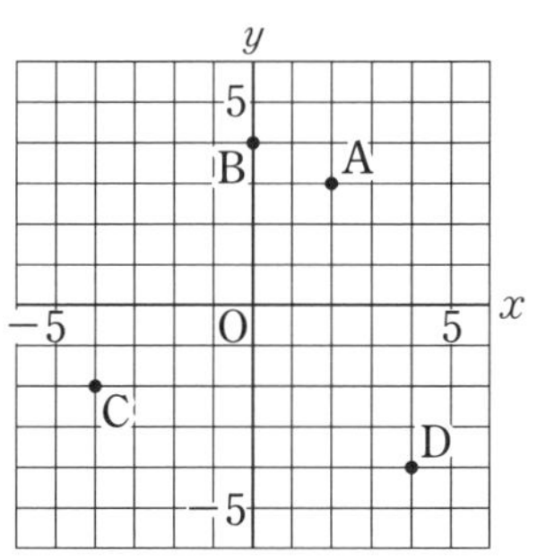

5 座標　座標が次のような点を，右の図にかき入れなさい。

E(4, 5)　　　F(−3, 3)

G(−2, −5)　　H(3, −2)

テスト対策ナビ

思い出そう！

- a が b 以上 …$a \geqq b$
- a が b より大きい …$a > b$
- a が b 以下 …$a \leqq b$
- a が b 未満（a が b より小さい）…$a < b$

ポイント

比例の式の求め方

「y が x に比例する」

⇒$y=ax$ と表せることを使う。

→$y=ax$ に x と y の値を代入して，比例定数 a の値を求める。

点の座標では，左側の数字が x 座標だったね。

 解答 p.12

テストに出る！

予想問題 ①　4章 変化と対応　1節 関数　2節 比例 (1)

🕒 20分　/12問中

1 よく出る　関数　次の㋐〜㋔のうち，y が x の関数であるものを選び，記号で答えなさい。

㋐ 底辺が 5 cm，高さが x cm の三角形の面積を y cm^2 とする。

㋑ 1辺が x cm の正方形の面積を y cm^2 とする。

㋒ 1辺が x cm のひし形の周の長さを y cm とする。

㋓ 身長 x cm の人の体重を y kg とする。

㋔ 半径 x cm の円の周の長さを y cm とする。

2 よく出る　変域　次の x の変域を，不等号を使って表しなさい。

(1) -2 より大きく 5 より小さい　　(2) -6 以上 4 未満

3 ともなって変わる 2 つの数量

右の表は，縦が 6 cm，横が x cm の長方形の面積を y cm^2 としたときの x と y の関係を表したものです。

x	0	3	6	9	12	15	…
y	0	18	36	①	②	③	…

(1) 表の①〜③にあてはまる数を求めなさい。

(2) x の値が 2 倍，3 倍，4 倍になると，対応する y の値はそれぞれ何倍になりますか。

(3) x と y の関係を式に表しなさい。

(4) y は x に比例するといえますか。

4 よく出る　比例する量　次のそれぞれについて，x と y の関係を式に表し，その比例定数を答えなさい。

(1) 縦が x cm，横が 8 cm の長方形の面積を y cm^2 とする。

(2) 1 m の値段が 45 円の針金を x m 買ったときの代金を y 円とする。

(3) 分速 70 m で x 分間歩いたときに進んだ道のりを y m とする。

4 比例では，x が 0 でないとき，$\frac{y}{x}$ の値は一定で，比例定数 a に等しい。

テストに出る！

予想問題 ②　4章 変化と対応　2節 比例 (1)

🕓20分　/15問中

1 よく出る　比例の式の求め方　次の問いに答えなさい。

(1)　y は x に比例し，比例定数は 4 です。x と y の関係を式に表しなさい。

(2)　y は x に比例し，$x=-4$ のとき $y=20$ です。x と y の関係を式に表しなさい。

(3)　y は x に比例し，$x=6$ のとき $y=9$ です。$x=-4$ のときの y の値を求めなさい。

(4)　y は x に比例し，$x=2$ のとき $y=12$ です。$y=-8$ となる x の値を求めなさい。

2 比例を表す式　ガソリン 20 L で 320 km の道のりを走ることができる自動車があります。この自動車が，ガソリン x L で y km 走るとして，次の問いに答えなさい。

(1)　x と y の関係を式に表しなさい。

(2)　ガソリン 75 L では，何 km 走りますか。

(3)　400 km の道のりを走るには，何 L のガソリンが必要ですか。

3 よく出る　座標　次の問いに答えなさい。

(1)　右の図で，点 A，B，C，D の座標を答えなさい。

(2)　座標が次のような点を，右の図にかき入れなさい。

E(6，2)　　F(−3，7)

G(−2，0)　　H(7，−4)

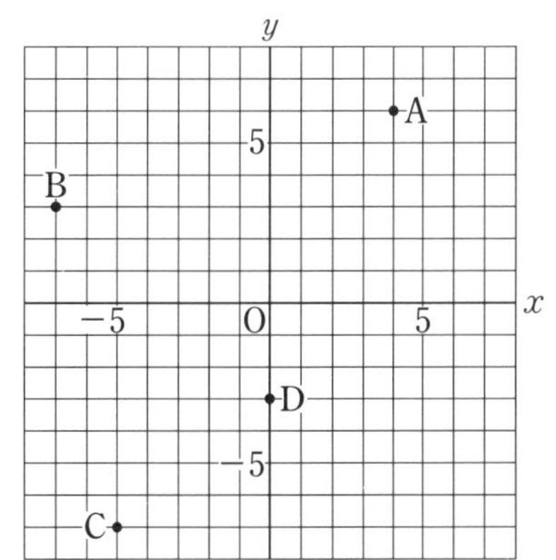

1 比例の式は，対応する 1 組の x，y の値を，$y=ax$ に代入して，a の値を求める。

3 x 軸上の点 → y 座標が 0　　y 軸上の点 → x 座標が 0

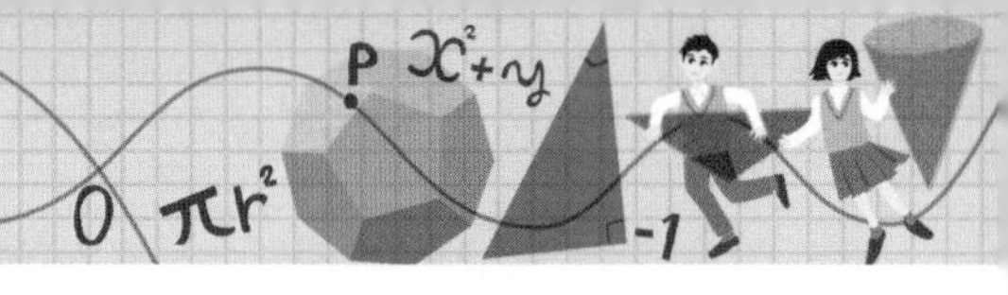

2節 比例(2) 3節 反比例 4節 比例，反比例の利用

テストに出る！ 教科書のココが要点

さらっとまとめ（赤シートを使って，□に入るものを考えよう。）

1 比例のグラフ 教 p.124～p.127

・比例のグラフは，原点を通る直線である。

2 反比例 教 p.128～p.136

・反比例…y が x の関数で，その間の関係が $y=\frac{a}{x}$ で表される。※ a は比例定数。

・y が x に反比例するとき，x の値が 2 倍，3 倍，4 倍，…になると，y の値は $\frac{1}{2}$ 倍，$\frac{1}{3}$ 倍，$\frac{1}{4}$ 倍，…になる。

・反比例のグラフを双曲線という。

※「$y=\frac{a}{x}$」のグラフは，

「右上と左下」または「左上と右下」の部分に現れる。

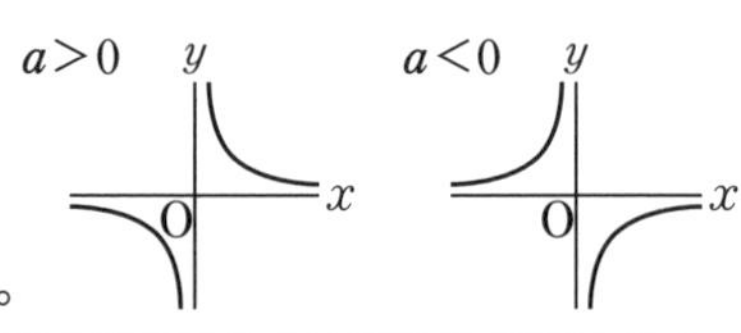

スピード確認（□に入るものを答えよう。答えは，下にあります。）

1

□ $y=-2x$ のグラフは，原点と点 (1，①) を通る右下がりの②だから，右の図の㋐，㋑のうち，③である。

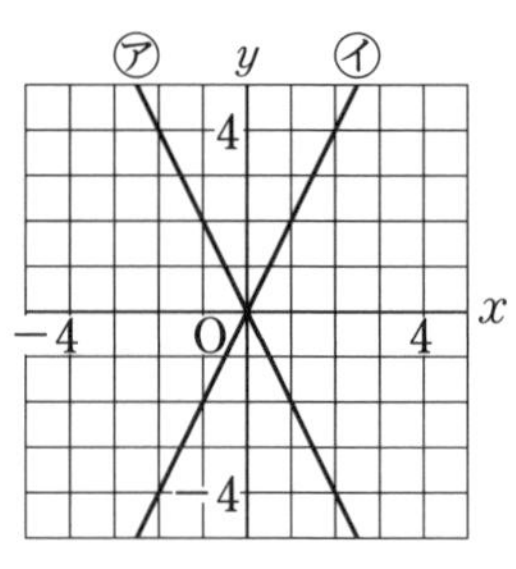

2

□ 面積が 20 cm² の長方形の縦の長さを x cm，横の長さを y cm とすると，x と y の関係は，$xy=$ ④ だから，$y=$ ⑤ と表される。このように，$y=\frac{a}{x}$ の式で表されるとき，y は x に⑥するという。

★「$y=\frac{a}{x}$」（a は定数）の式で表されるとき，「反比例」という。

□ $y=\frac{4}{x}$ のグラフは，(4，1)，(2，2)，(1，4) のように多くの点をとって，なめらかに結んだ⑦だから，右の図の㋒，㋓のうち，⑧である。

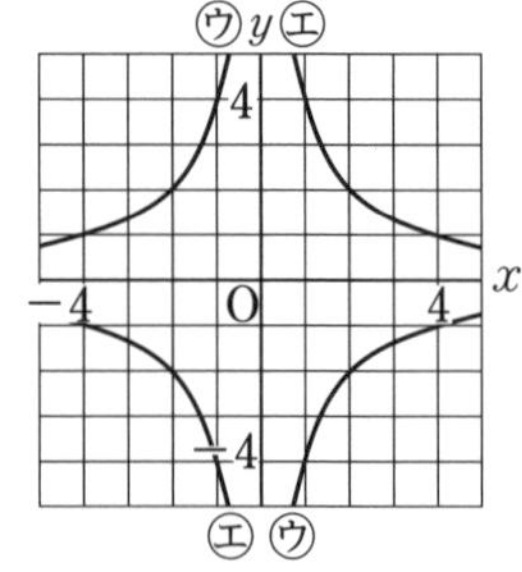

①

②

③

④

⑤

⑥

⑦

⑧

答 ①−2 ②直線 ③㋐ ④20 ⑤$\frac{20}{x}$ ⑥反比例 ⑦双曲線 ⑧㋓

基礎力UP テスト対策問題

1 比例のグラフ　次の比例のグラフを，右の図にかき入れなさい。

㋐ $y=x$　　㋑ $y=-\frac{3}{2}x$

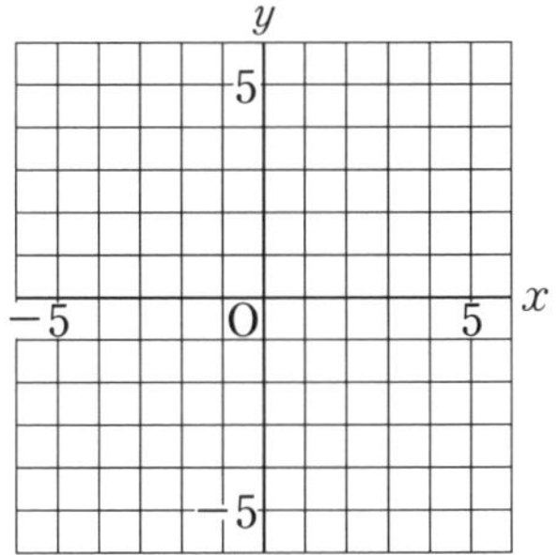

2 グラフから式を求める　グラフが右の図になる関数を，下の㋐～㋓の中から選びなさい。

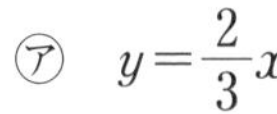
㋐ $y=\frac{2}{3}x$　　㋑ $y=-\frac{1}{2}x$

㋒ $y=\frac{4}{3}x$　　㋓ $y=\frac{3}{4}x$
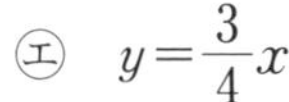

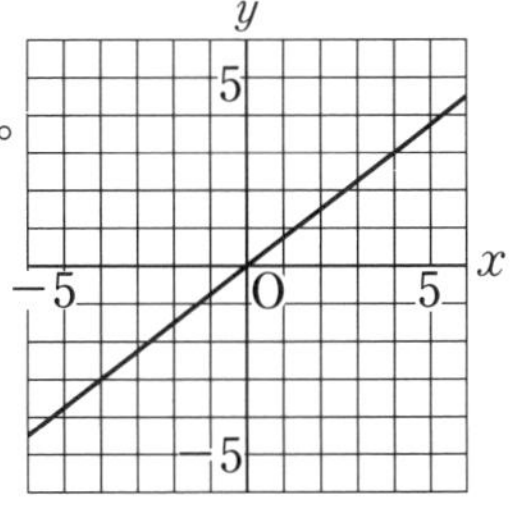

3 反比例　次の問いに答えなさい。

(1) 40 L はいる水そうに，毎分 x L の割合で水を入れると，y 分間でいっぱいになります。x と y の関係を式に表しなさい。

(2) y は x に反比例し，$x=4$ のとき $y=-3$ です。x と y の関係を式に表しなさい。

(3) $y=-\frac{2}{x}$ のグラフを，右の図にかき入れなさい。

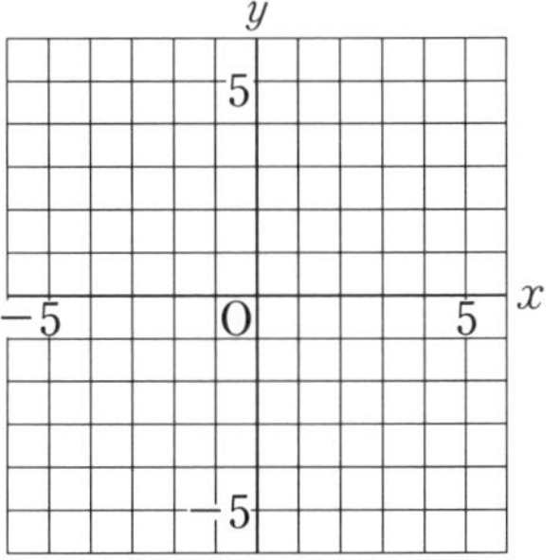

4 比例と反比例　次のそれぞれについて，x と y の関係を式に表しなさい。また，y が x に比例するか，反比例するかを答えなさい。

(1) 180 cm のリボンを x 等分すると，1本の長さは y cm になる。

(2) 12 km 離れたA町まで行くのに，時速 x km で進むと，y 時間かかる。

テスト対策ナビ

絶対に覚える!

$y=ax$ のグラフは
■ $a>0$ のとき 右上がりの直線
■ $a<0$ のとき 右下がりの直線
になる。

グラフから，通る点の座標を読みとるんだね。

ポイント

反比例の式の求め方

「y が x に反比例する」
⇒$y=\frac{a}{x}$ と表せることを使う。
→$y=\frac{a}{x}$ に x と y の値を代入して，比例定数 a の値を求める。また，$xy=a$ として，a の値を求めてもよい。

テストに出る！

予想問題 ① 4章 変化と対応 2節 比例(2) 3節 反比例

20分　/10問中

1 よく出る 比例のグラフ　次のグラフを，下の図にかき入れなさい。

(1) $y=\frac{2}{5}x$　(2) $y=-5x$　(3) $y=5x$　(4) $y=-\frac{1}{4}x$

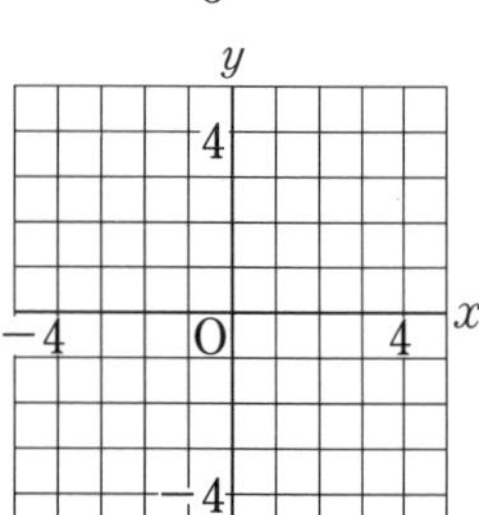
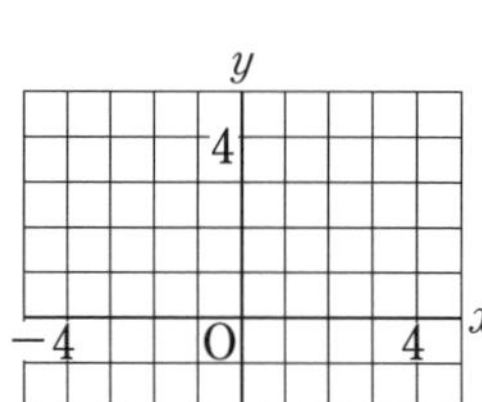
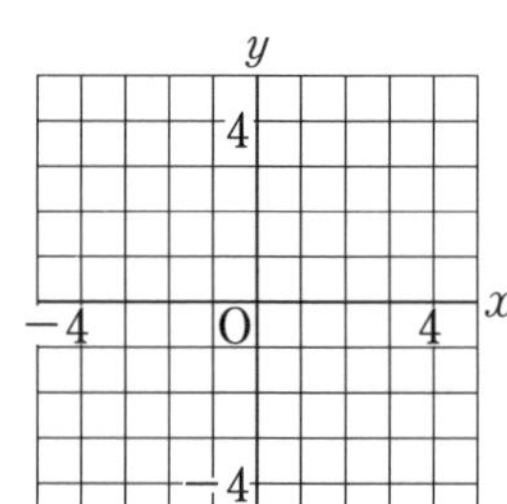
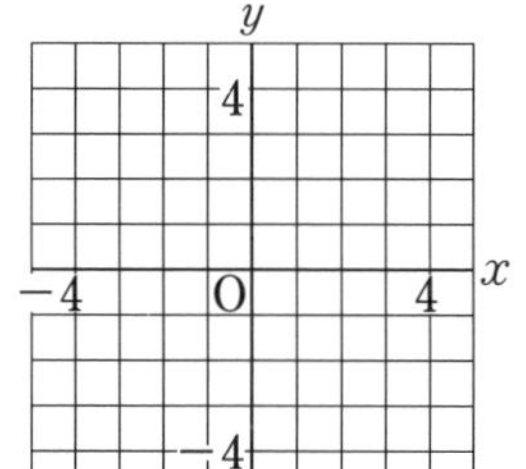

2 比例を表す式　水が 12 L はいる水そうに，毎分 2 L の割合で水を入れます。

(1) 水を入れる時間 x 分間と，その間にはいる水の量 y L の関係を，式に表しなさい。

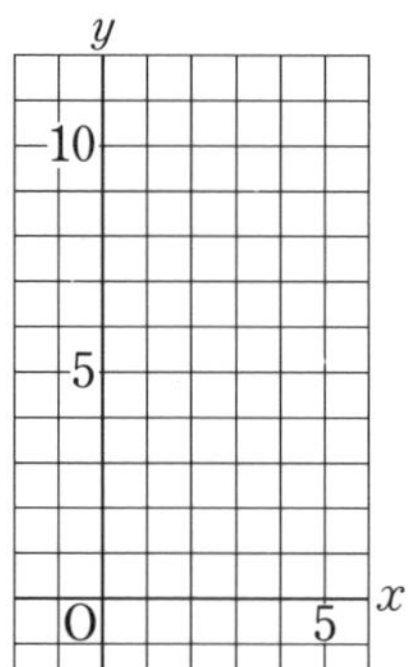

(2) x と y の関係を表すグラフを，右の図にかき入れなさい。

(3) x の変域を，不等号を使って表しなさい。

3 反比例する量　1日に 0.6 L ずつ使うと，35 日間使えるだけの灯油があります。これを1日に x L ずつ使うと y 日間使えるとして，次の問いに答えなさい。

(1) x と y の関係を式に表しなさい。

(2) 1日 0.5 L ずつ使うとすると，何日間使えますか。

(3) 28 日間でちょうど使い終わるには，1日に何 L ずつ使えばよいですか。

2 水そうには 12 L しかはいらないので，$0 \leqq y \leqq 12$ となる。このことから，x の変域にも制限があることに注意する。

テストに出る!

予想問題 ② 4章 変化と対応 3節 反比例 4節 比例，反比例の利用

20分　/9問中

1 よく出る 反比例の式の求め方　次の問いに答えなさい。

(1) y は x に反比例し，比例定数は -20 です。x と y の関係を式に表しなさい。

(2) y は x に反比例し，$x=-3$ のとき $y=-5$ です。x と y の関係を式に表しなさい。

(3) y は x に反比例し，$x=-6$ のとき $y=4$ です。$x=8$ のときの y の値を求めなさい。

(4) 反比例 $y=\frac{a}{x}$ のグラフをかいたら，点 $(3,\ 5)$ を通る双曲線になりました。このとき，a の値を求めなさい。また，$x=9$ のときの y の値を求めなさい。

2 よく出る 反比例のグラフ　次のグラフを，下の図にかき入れなさい。

(1) $y=\frac{16}{x}$

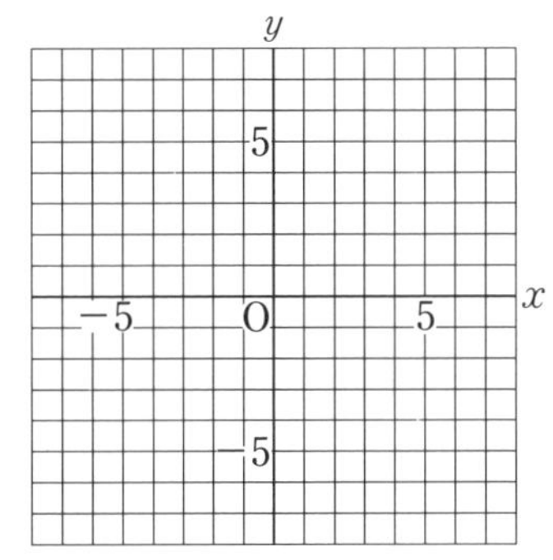

(2) $y=-\frac{10}{x}$

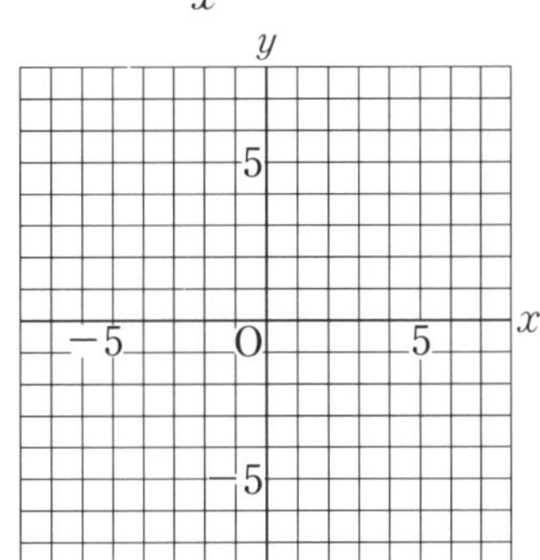

3 比例と反比例　次の問いに答えなさい。

(1) 平行四辺形の面積，底辺の長さ，高さの関係について，底辺の長さを決めると，面積と高さの関係はどうなりますか。

(2) 道のり，速さ，時間の関係について，どの量を決めると，他の2つの量が反比例の関係になりますか。

1 反比例の式は，対応する1組の x，y の値を $y=\frac{a}{x}$ または $xy=a$ に代入して，a の値を求める。

テストに出る！

章末予想問題 4章 変化と対応

30分 /100点

1 次のそれぞれについて，x と y の関係を式に表し，y が x に比例するものには○，反比例するものには△，どちらでもないものには×をかきなさい。 4点×6〔24点〕

(1) ある針金の1mあたりの重さが20gのとき，この針金 x g の長さは y m である。

(2) 50cmのひもから x cm のひもを3本切りとったら，残りの長さは y cm である。

(3) 1mあたりの値段が x 円のリボンを買うとき，300円で買える長さは y m である。

2 次の問いに答えなさい。 8点×2〔16点〕

(1) y は x に比例し，$x=-12$ のとき $y=-8$ です。$x=4.5$ のときの y の値を求めなさい。

(2) y は x に反比例し，$x=8$ のとき $y=-3$ です。$x=-2$ のときの y の値を求めなさい。

3 次の比例または反比例のグラフをかきなさい。 6点×4〔24点〕

(1) $y=\frac{3}{2}x$　(2) $y=\frac{9}{x}$　(3) $y=-\frac{4}{3}x$　(4) $y=-\frac{14}{x}$

4 差がつく 歯数40の歯車が1分間に18回転しています。これにかみ合う歯車の歯数を x，1分間の回転数を y として，次の問いに答えなさい。 6点×3〔18点〕

(1) x と y の関係を式に表しなさい。

(2) かみ合う歯車の歯数が36のとき，その歯車の1分間の回転数を求めなさい。

(3) かみ合う歯車を1分間に15回転させるためには，歯数をいくつにすればよいですか。

解答 p.14

満点ゲット作戦
比例と反比例の式の求め方とグラフの形やかき方を覚えよう。また，求めた式が比例か反比例かは，式の形で判断しよう。

ココが要点を再確認　もう一歩　合格
0　70　85　100点

5 姉と妹が同時に家を出発し，家から 1800 m 離れた図書館に行きます。姉は分速 200 m，妹は分速 150 m で自転車に乗って行きます。　6点×3〔18点〕

(1) 家を出発してから x 分後に，家から y m 離れたところにいるとして，姉と妹が進むようすを表すグラフをかきなさい。

(2) 姉と妹が 300 m 離れるのは，家を出発してから何分後ですか。

(3) 姉が図書館に着いたとき，妹は図書館まであと何 m のところにいますか。

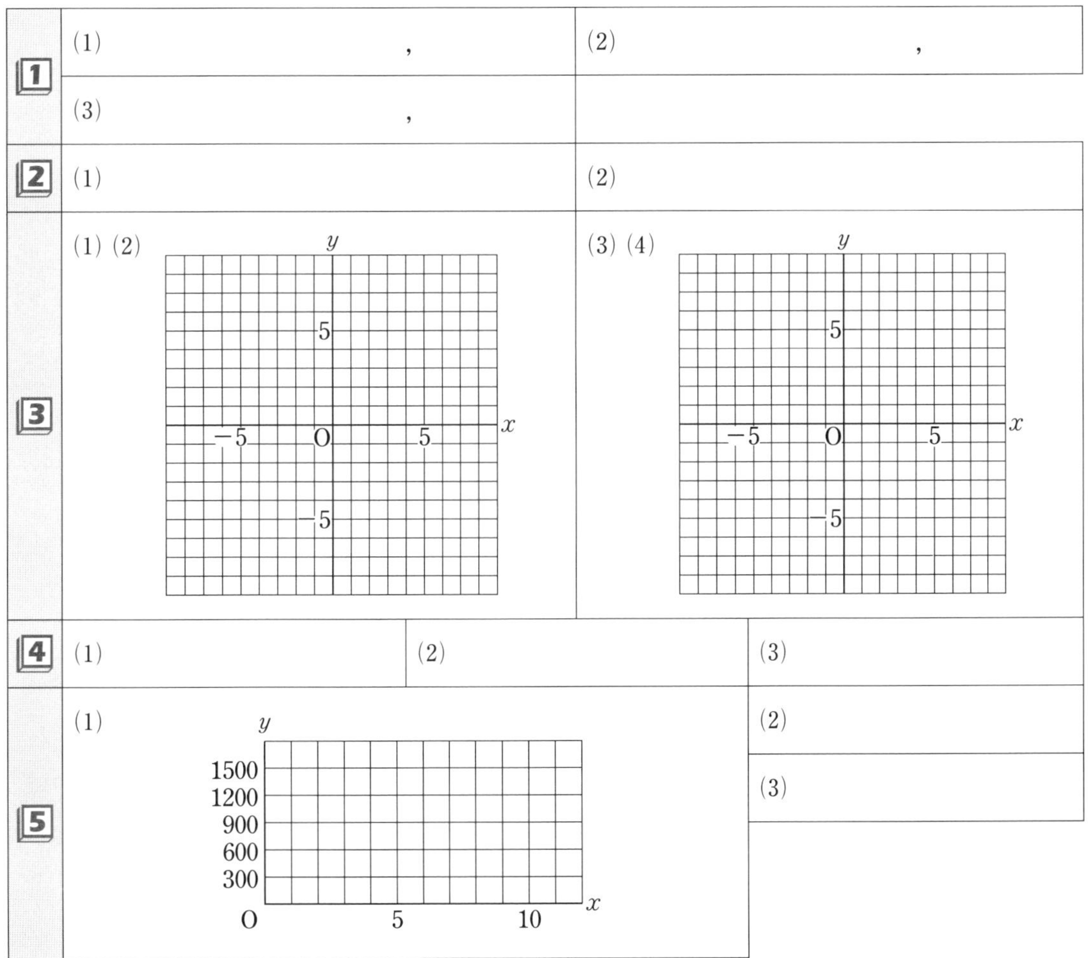

1	/24点	2	/16点	3	/24点	4	/18点	5	/18点

1節 直線と図形　2節 移動と作図(1)

テストに出る！ 教科書のココが要点

さらっとまとめ（赤シートを使って，□に入るものを考えよう。）

1 直線と図形 教 p.148～p.152

・直線 AB　・線分 AB 　・半直線 AB

※線分 AB の長さを，2点 A，B 間の距離といい，2点 A，B を結ぶ線のうち，もっとも短い。

2 図形の移動 教 p.154～p.159

・平行移動

AP ＝ BQ ＝ CR

AP // BQ // CR

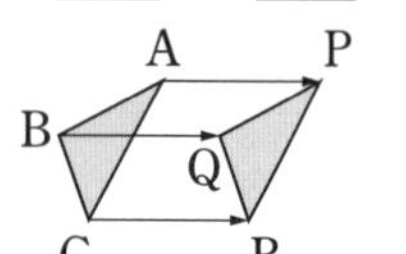

・回転移動

∠AOP

＝ ∠BOQ

＝ ∠COR

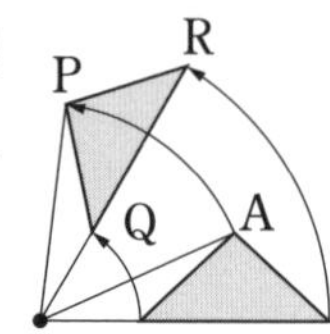

・対称移動

AM ＝ PM＝$\frac{1}{2}$AP

AP ⊥ ℓ

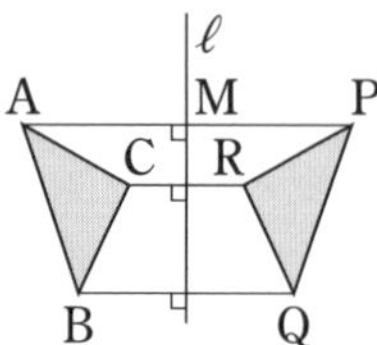

3 基本の作図 教 p.160～p.163

・垂直二等分線　・角の二等分線　・垂線①　・垂線②

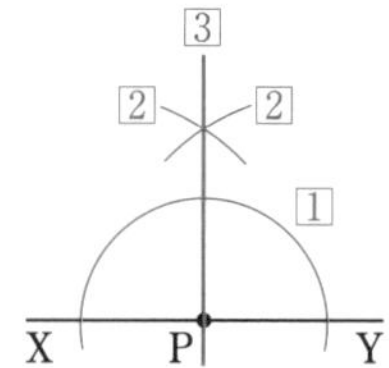

1 1 A B 2 X 1 2 3 2 O Y 3 P 1 X Y 2 2 3 2 2 1 X P Y

※作図は，直線をひくための定規とコンパスだけを使ってかく。（長さはコンパスでうつしとる。）

スピード確認（□に入るものを答えよう。答えは，下にあります。）

2

□ 図形を，一定の方向に，一定の長さだけずらして移すことを ① 移動といい，対応する点を結んだ線分どうしは ② で，その長さはすべて等しい。

□ 図形を，1つの点Oを中心として，一定の角度だけまわして移すことを ③ 移動といい，中心とした点Oを回転の ④ という。対応する点は，回転の中心からの距離が等しく，回転の中心と結んでできた角の大きさはすべて ⑤ 。

□ 図形を，1つの直線 ℓ を折り目として折り返して移すことを ⑥ 移動といい，折り目とした直線 ℓ を ⑦ という。対応する2点を結んだ線分は，⑦ によって，⑧ に2等分される。

①
②
③
④
⑤
⑥
⑦
⑧

答 ①平行 ②平行 ③回転 ④中心 ⑤等しい ⑥対称 ⑦対称の軸 ⑧垂直

解答 p.15

基礎力UP テスト対策問題

1 図形の移動　次の問いに答えなさい。

(1) 右の図の △ABC を矢印 MN の方向に，その長さだけ平行移動した図をかきなさい。

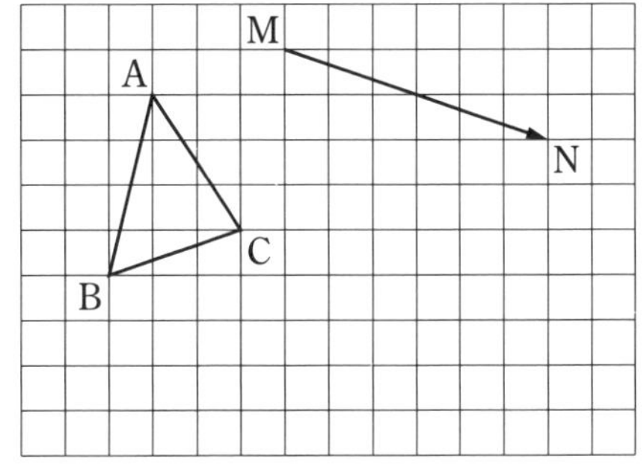

(2) 下の図の㋐では，点Oを回転の中心として，180° 回転移動した図を，㋑では，直線 ℓ を対称の軸として対称移動した図を，それぞれかきなさい。

㋐
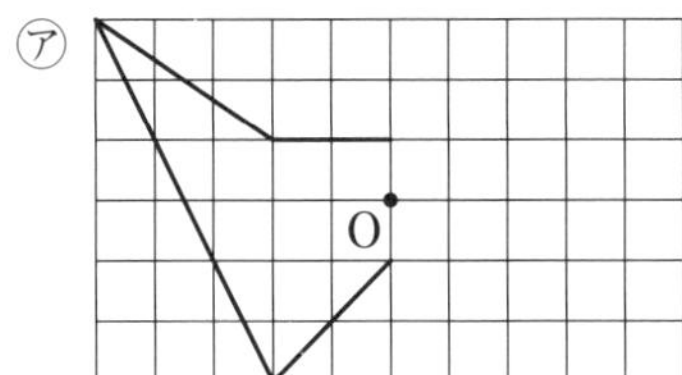

㋑
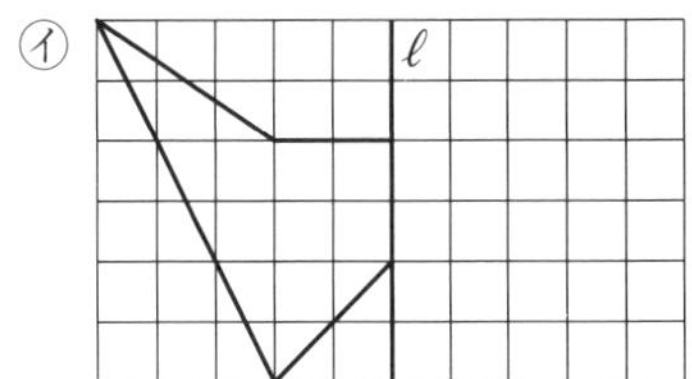

2 対称な図形　右の図は，正六角形を合同な正三角形に分けた図です。次の三角形をすべて答えなさい。

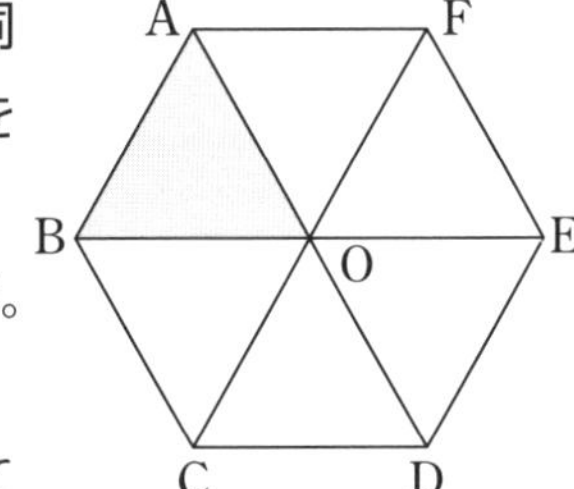

(1) △OAB を平行移動して重なる三角形。

(2) △OAB を，点Oを回転の中心として時計回りに 120° 回転して重なる三角形。

(3) △OAB を，AD を対称の軸として対称移動して重なる三角形。

3 基本の作図　右の図の △ABC で，次の作図をしなさい。

(1) 辺 AC の垂直二等分線

(2) ∠BAC の二等分線

(3) 頂点Cから辺 AB への垂線

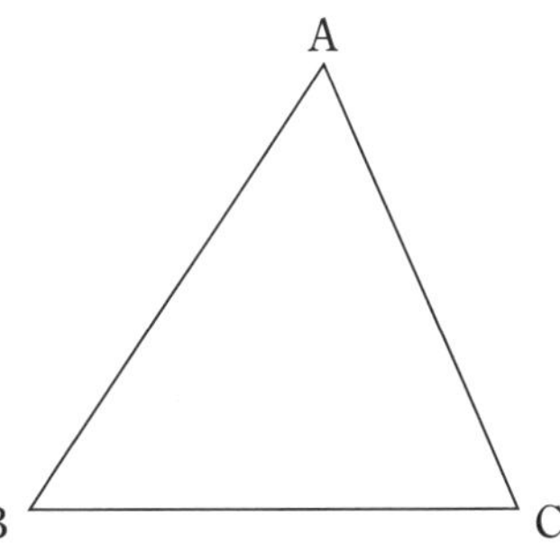

テスト対策ナビ

絶対に覚える!

図形の用語や記号
三角形 ABC
…△ABC
長さが等しい…＝
平行…∥
垂直…⊥
角 AOB…∠AOB

ポイント

■点対称な図形
1つの点を回転の中心として，180° だけ回転移動したとき，もとの図形にぴったり重なる図形。
点対称移動は，回転移動の特別なもの。

■線対称な図形
1つの直線を折り目として折ったとき，両側がぴったり重なる図形。

作図をするときは，垂直二等分線や角の二等分線，垂線のひき方を組み合わせて考えるよ。

テストに出る！

予想問題 ①

5章 平面図形

1節 直線と図形

20分　/6問中

1 よく出る　回転移動　右の△ABCを，点Oを回転の中心として，180° 回転移動した図をかきなさい。

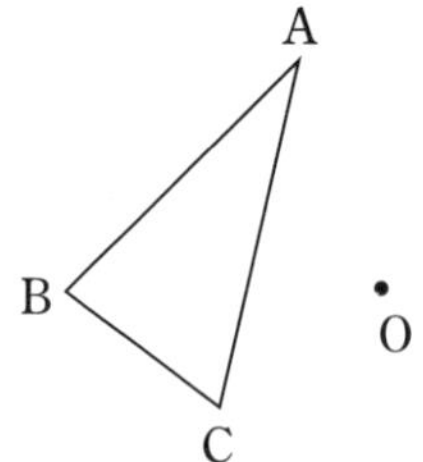

2 よく出る　対称移動　次の図で，△ABCを直線 ℓ を対称の軸として対称移動した図をかきなさい。

(1)

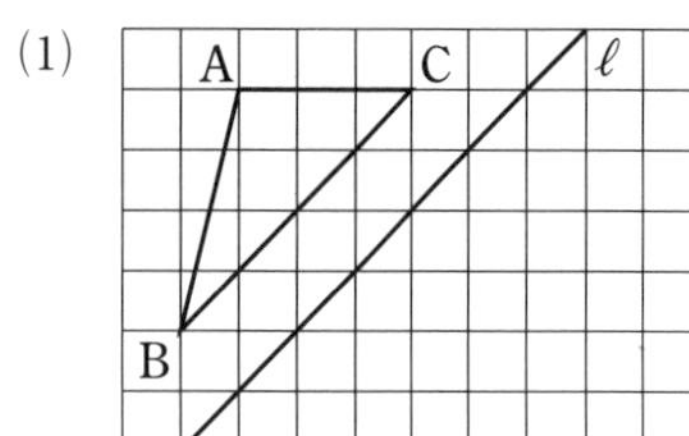

(2)

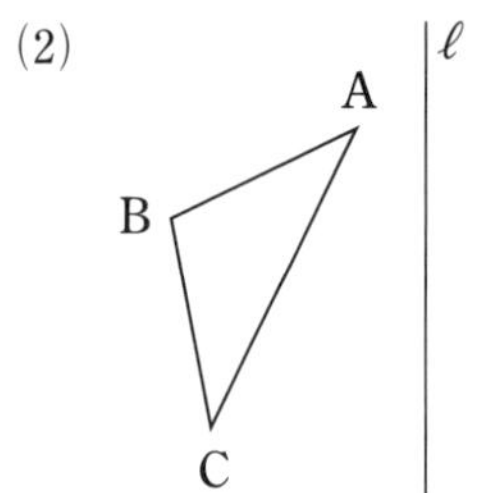

3 図形の移動　右の図は，△ABCを頂点Aが点Dに移るように平行移動し，次に点Dを回転の中心として，時計の針の回転と反対の向きに 90° だけ回転移動したものです。

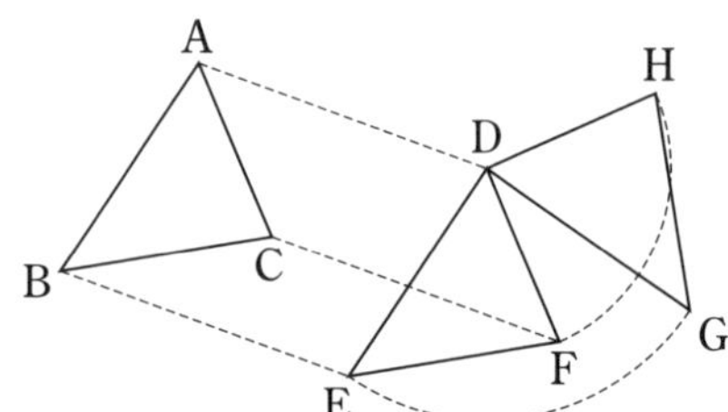

(1) 線分ADと平行な線分をすべて答えなさい。

(2) 図の中で，大きさが 90° の角をすべて答えなさい。

(3) 辺ABと長さの等しい辺をすべて答えなさい。

2 各点から ℓ にひいた垂線をのばし，各点と ℓ との距離と等しい点を ℓ の反対側にとる。

3 (2) 回転移動では，対応する点と回転の中心を結んでできる角の大きさは，すべて等しい。

テストに出る！

予想問題 ② 5章 平面図形 2節 移動と作図 (1)

20分　/7問中

1 よく出る　垂直二等分線の作図　次の作図をしなさい。

(1)　線分 AB の垂直二等分線

(2)　線分 AB を直径とする円

2 よく出る　角の二等分線の作図　次の作図をしなさい。

(1)　∠XOY の二等分線

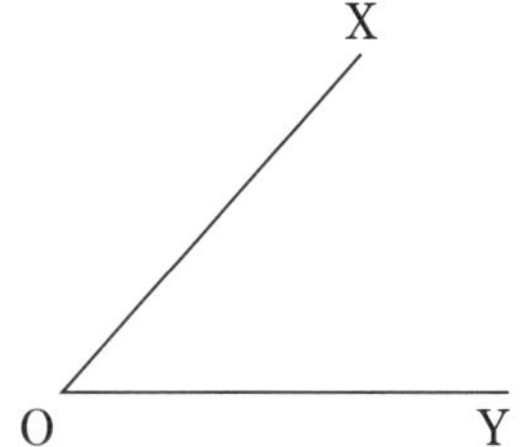

(2)　点Oを通る直線 XY の垂線

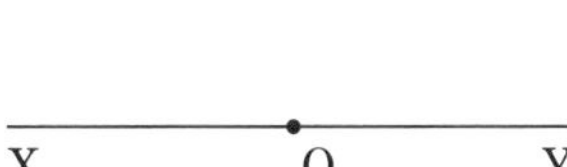

3 よく出る　基本の作図　点Pを通る直線 ℓ への垂線を，次の図を利用して2通りの方法で作図しなさい。

(方法1)　• P

(方法2)　• P

4 垂線の作図　右の図の △ABC で，頂点Aを通る直線 BC の垂線を作図しなさい。

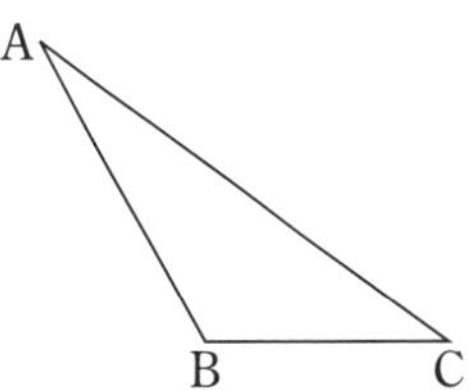

1 (2)　円の中心は，線分 AB の中点になる。

3 どちらの方法でも作図できるようにしておこう。

2節 移動と作図(2)　3節 円とおうぎ形

テストに出る！ 教科書のココが要点

さらっとまとめ（赤シートを使って，□に入るものを考えよう。）

1 弧と弦 教 p.167

・円周のAからBまでの部分を 弧AB といい， $\overset{\frown}{AB}$ と表す。

・弧ABの両端の点を結んだ線分を 弦AB という。

弧AB　A　B　弦AB　弧AB

2 円の接線 教 p.168

・円と直線 ℓ が1点Aだけを共有するとき，直線は円に 接する という。この直線 ℓ を円の 接線 といい，点Aを 接点 という。

・円の接線は，接点を通る半径に 垂直 である。OA⊥ℓ

O　接線　ℓ　A　接点

3 おうぎ形 教 p.169～p.173

・円の2つの半径と弧で囲まれた図形を おうぎ形 といい，その2つの半径がつくる角を 中心角 という。

・半径 r，中心角 $a°$ のおうぎ形の弧の長さ ℓ と面積 S

$\ell=$ $2\pi r\times\dfrac{a}{360}$　$S=$ $\pi r^2\times\dfrac{a}{360}$

※1つの円では，おうぎ形の弧の長さや面積は，中心角の大きさに 比例 する。

O　半径 r　中心角 $a°$　A　B　弧 ℓ

スピード確認（□に入るものを答えよう。答えは，下にあります。）

1

□ 右の図で，円周のAからBまでの部分を ① といい，記号で表すと， ② となる。

□ 右の図で，線分ABを ③ という。

□ 円の中心Oを通る弦の長さは，この円の ④ を表している。

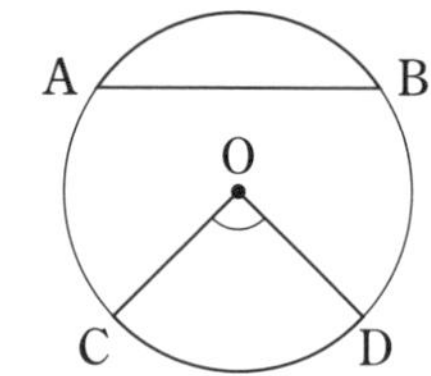

3

□ 右上の図で，半径OC，ODと弧CDで囲まれた図形を ⑤ といい，この図形で，半径OC，ODのつくる角を ⑥ という。

□ 半径10 cm，中心角144°のおうぎ形の弧の長さは

$2\pi\times10\times\dfrac{⑦}{360}=$ ⑧ (cm)

★$2\pi r\times\dfrac{a}{360}$ に，$r=10$，$a=144$ を代入する。

□ 半径10 cm，中心角144°のおうぎ形の面積は

$\pi\times10^2\times\dfrac{⑨}{360}=$ ⑩ (cm²)

★$\pi r^2\times\dfrac{a}{360}$ に，$r=10$，$a=144$ を代入する。

①＿＿＿
②＿＿＿
③＿＿＿
④＿＿＿
⑤＿＿＿
⑥＿＿＿
⑦＿＿＿
⑧＿＿＿
⑨＿＿＿
⑩＿＿＿

答　①弧AB(弧)　②$\overset{\frown}{AB}$　③弦AB(弦)　④直径　⑤おうぎ形　⑥中心角　⑦144　⑧$8\pi$　⑨144　⑩40π

解答 p.16

基礎力UP テスト対策問題

1 いろいろな作図　次の作図をしなさい。

(1) 円Oの周上にある点A
を通る接線

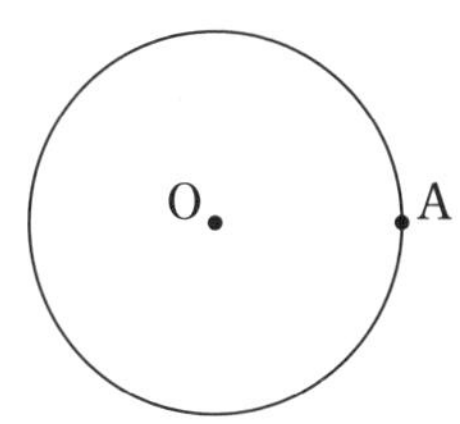

(2) 点Oを中心とし，
直線 ℓ に接する円

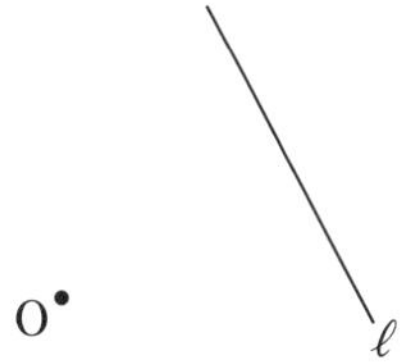

2 おうぎ形　右のおうぎ形について，次の問いに答えなさい。

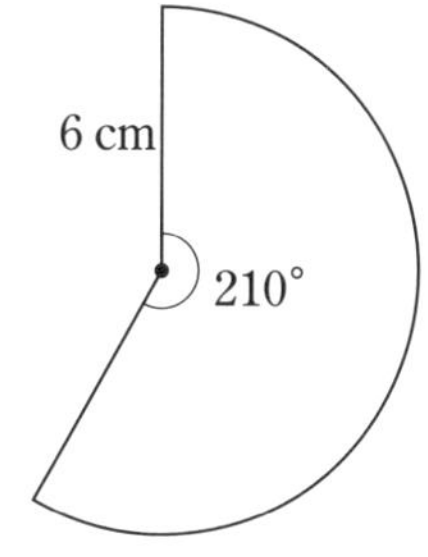

(1) このおうぎ形の弧の長さは，半径 6 cm の円の周の何倍ですか。

(2) このおうぎ形の弧の長さを求めなさい。

(3) このおうぎ形の面積を求めなさい。

3 おうぎ形　半径 12 cm，弧の長さ 16π cm のおうぎ形の中心角の大きさと面積を求めなさい。

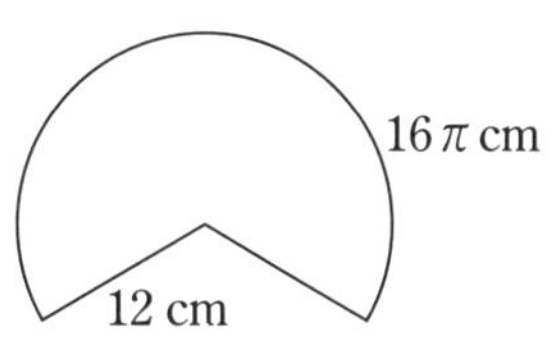

テスト対策ナビ

絶対に覚える!
円の接線は，接点を通る半径と垂直になっていることを利用して，作図する。

垂線の作図を利用してかこう。

ポイント
円周率 π
$\frac{円周}{直径}$ を円周率 π という。π は，決まった 1 つの数を表す文字なので，積の中では，数のあと，その他の文字の前に書く。

1 つの円では，おうぎ形の弧の長さや面積が，中心角の大きさで決まるんだね。

テストに出る！

予想問題 ①　5章 平面図形　2節 移動と作図 (2)　3節 円とおうぎ形

20分　/5問中

1 いろいろな作図　次の作図をしなさい。

(1) 線分 AB を1辺とする正三角形 ABC と，∠PAB=30° となる辺 BC 上の点P

(2) ∠AOP=90° で AO=PO となる △AOP と，∠BOQ=135° となる辺 AP 上の点Q

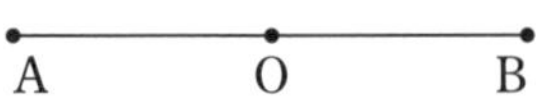

2 いろいろな作図　下の △ABC で，次の作図をしなさい。

(1) 辺 BC を底辺とするときの高さを表す線分 AH

(2) 辺 BC 上にあって，辺 AB，AC までの距離が等しい点P

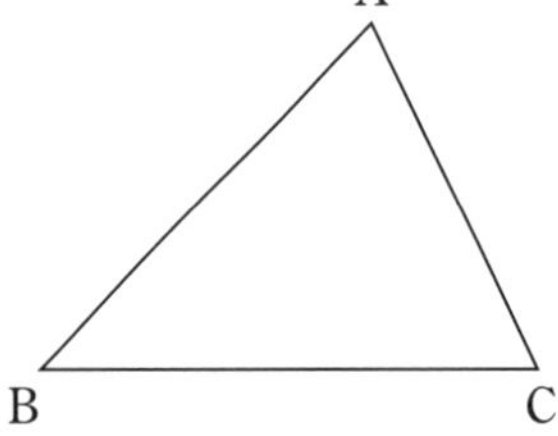

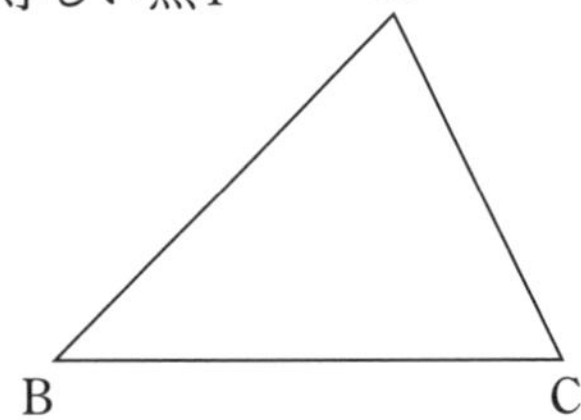

3 円と接線　右の図で，点Pで直線 ℓ に接する円のうち，点Qを通る円Oを作図しなさい。

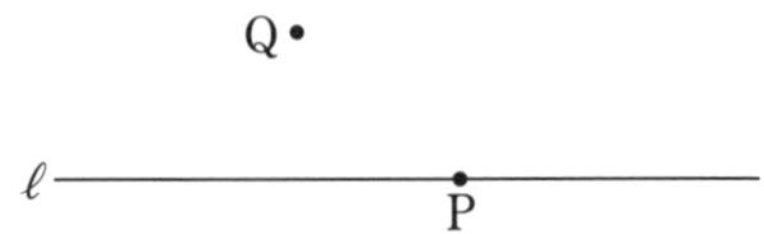

1 (1) ∠CAB=60° だから，∠PAB は ∠CAB の二等分線を作図すればよい。

2 (2) 辺 AB，AC までの距離が等しい点は，∠BAC の二等分線上にある。

テストに出る！

予想問題 ② 5章 平面図形 3節 円とおうぎ形

🕓20分　/8問中

1 いろいろな作図　右の図のように，∠XOY と線分 OY 上に点Aがある。このとき，中心が∠XOY の二等分線上にあり，線分 OY と点Aで接する円を作図しなさい。

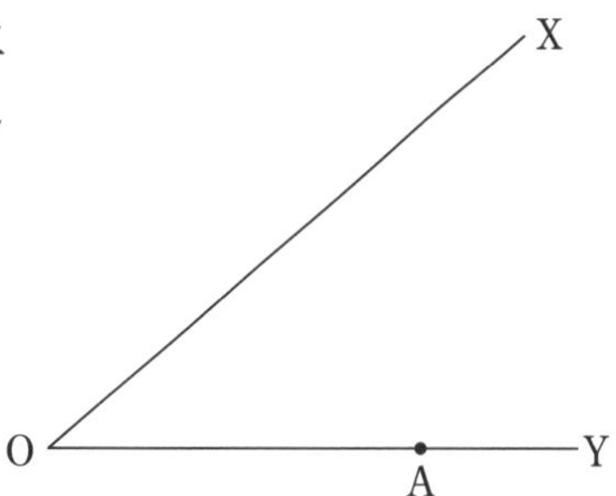

2 いろいろな作図　右の図のように，線分 AB と円 Oがあり，円Oの周上に点Pをとるとき，△PAB の面積が最大となる点Pを作図して求めなさい。

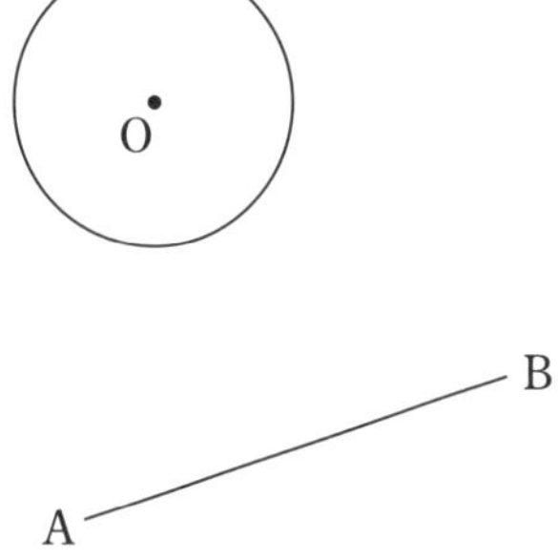

3 よく出る　おうぎ形　次のようなおうぎ形の弧の長さと面積を求めなさい。

(1) 半径 8 cm，中心角 60°

(2) 半径 30 cm，中心角 240°

(3) 直径 8 cm，中心角 315°

2 △PAB の底辺を AB としたとき，高さが最大になるように点Pをとればよい。

3 半径 r，中心角 a° のおうぎ形では，弧の長さ $\ell=2\pi r\times\frac{a}{360}$，面積 $S=\pi r^2\times\frac{a}{360}$

テストに出る！

章末予想問題 5章 平面図形

30分

/100点

1 右のひし形 ABCD について，次の問いに答えなさい。 6点×5〔30点〕

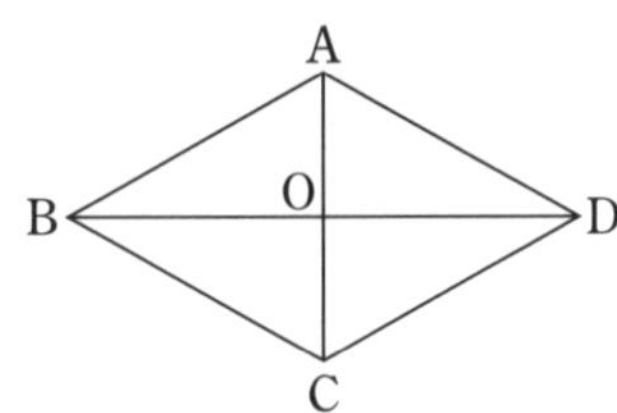

(1) 対角線 BD を対称の軸とみた場合，次の□にあてはまる記号を答えなさい。

① AD□CD　　② AC□BD

(2) 点Oを回転の中心とみた場合，辺 AB に対応する辺，∠ACD に対応する角をそれぞれ答えなさい。

(3) △AOD を，点Oを回転の中心として回転移動して △COB に重ねるには，何度回転させればよいですか。

2 右の図のような3点 A，B，C を通る円O を作図しなさい。 〔12点〕

B•

A•　　　　　　•C

3 右の図1のような長方形 ABCD を，頂点Aと頂点Cが重なるように折り返したのが図2です。 10点×2〔20点〕

図1

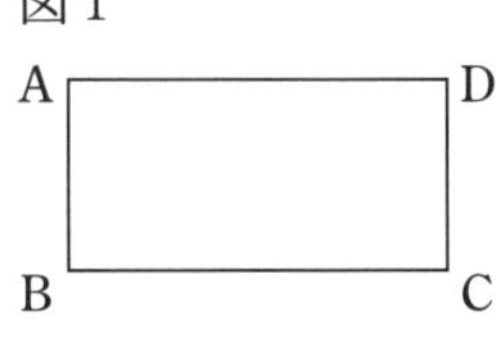

図2

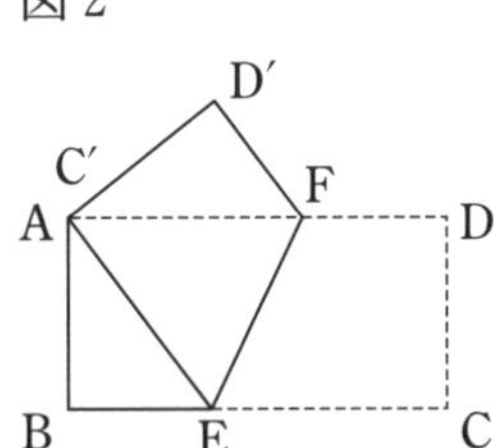

(1) ∠AEF＝63° のとき，∠AEB の大きさを求めなさい。

(2) 図2にある折り目の線分 EF を作図しなさい。

4 半径 8 cm，中心角 135° のおうぎ形の弧の長さと面積を求めなさい。 7点×2〔14点〕

解答 p.16

満点ゲット作戦
いろいろな作図のしかたを身につけよう。垂直二等分線や角の二等分線の考え方の使い分けができるようにしていこう。

5 次の作図をしなさい。 12点×2〔24点〕

(1) 中心が直線 ℓ 上にあって，2点A，Bが周上にある円O

A•

•B

ℓ ――――――――

(2) 差がつく 直線 ℓ 上にあって，AP+PBが最小となる点P

A•

•B

ℓ ――――――――

1	(1) ①	②	
	(2) 辺	角	(3)
2	B• A• •C	**3**	(1)
			(2) A D B C
4	弧の長さ	面積	
5	(1) A• •B ℓ	(2) A• •B ℓ	

1 /30点	**2** /12点	**3** /20点	**4** /14点	**5** /24点

6章 空間図形

1節 立体と空間図形 (1)

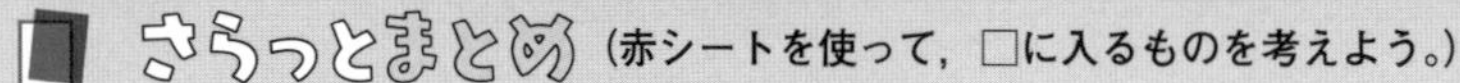

さらっとまとめ (赤シートを使って，□に入るものを考えよう。)

1 いろいろな立体 教 p.180～p.181

・正多面体… 5 種類ある。

正四面体

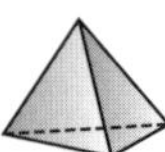

正六面体 (立方体)

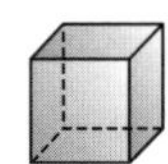

正八面体

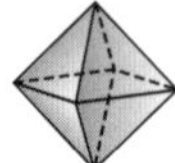

正十二面体

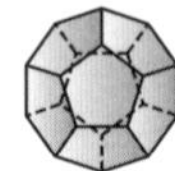

正二十面体

2 投影図 教 p.182～p.188

・真正面から見た 立面図 と真上から見た 平面図 をあわせて 投影図 という。

(立面図)
(平面図)

3 平面と直線 教 p.189～p.195

・空間内の 2 直線…交わる/平行/ねじれの位置

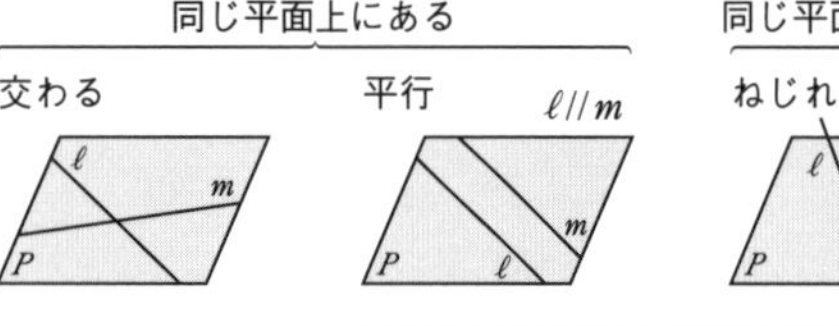

・直線と平面…平面上にある/交わる/平行

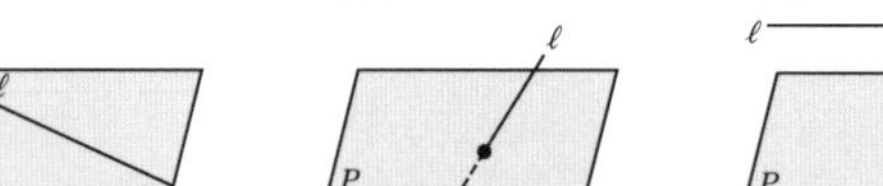

・ 2 平面…交わる/平行

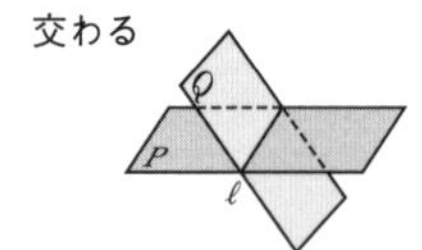

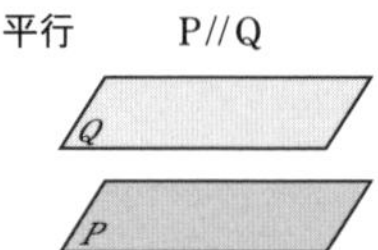

スピード確認 (□に入るものを答えよう。答えは，下にあります。)

1
- □ 直方体は ① 面体である。
- □ 四角錐は ② 面体である。

3
- □ 2 点をふくむ平面はいくつもあるが，平行な 2 直線をふくむ平面は 1 つに ③ 。
  ★同じ直線上にない 3 点が決まれば，平面は 1 つに決まる。
- □ 右の立方体で，直線 AB は直線 HG と ④ で，直線 AB は直線 BF と ⑤ である。また，直線 AB は直線 CG と ⑥ にある。
  ★平行でなく，交わらない 2 直線は「ねじれの位置」にある。

A D B C E H F G

①
②
③
④
⑤
⑥

答 ①六 ②五 ③決まる ④平行 ⑤垂直 ⑥ねじれの位置

解答 p.17

基礎力UP テスト対策問題

1 いろいろな立体　次の□にあてはまることばを答えなさい。

(1) 右のⓐやⓘのような立体を ① といい，そのうち底面が三角形，四角形，…の ① を，それぞれ ②，③，…という。また，ⓤのような立体を ④ という。

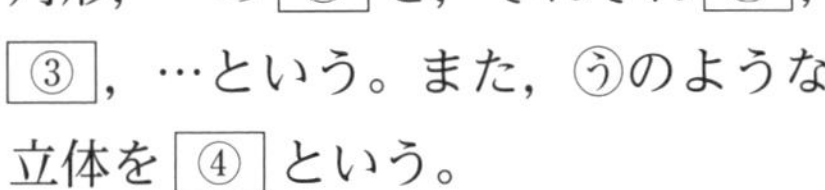

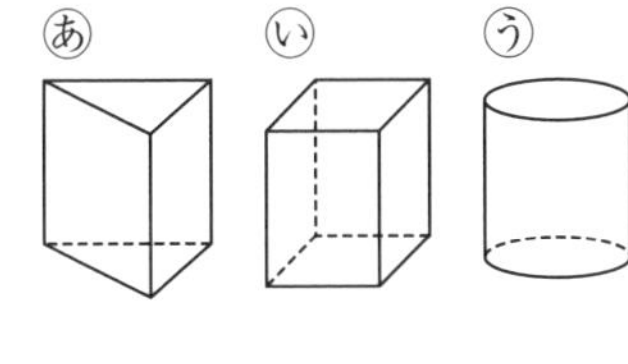

(2) 右のえやおのような立体を ① といい，そのうち底面が三角形，四角形，…の ① を，それぞれ ②，③，…という。また，かのような立体を ④ という。

え　お　か

2 投影図　右の図は正四角錐の投影図の一部を示したものです。かきたりないところをかき加えて，投影図を完成させなさい。

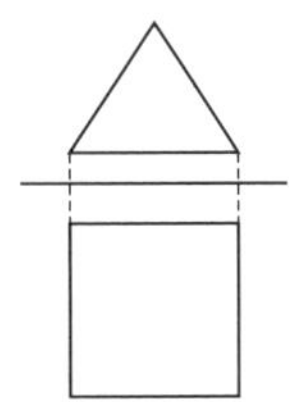

3 円柱の展開図　底面の半径が 16 cm の円柱があります。この円柱の展開図をかくとき，側面の展開図は長方形で，その横の長さを何 cm にすればよいですか。

4 立体の見方　右の図のような，直方体から三角錐を切り取った立体があります。

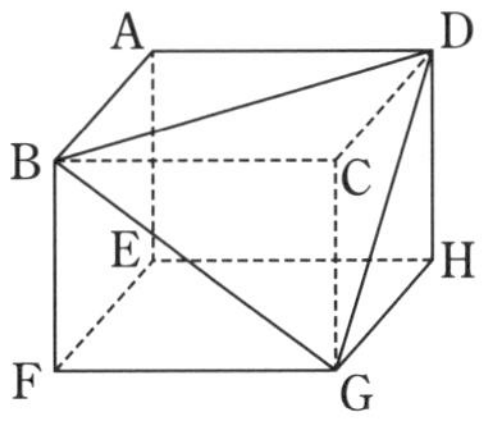

(1) 直線 EH と垂直に交わる直線はどれですか。

(2) 直線 AD と垂直な平面はどれですか。

(3) 直線 BD とねじれの位置にある直線は何本ありますか。

(4) 平面 ABD と平行な平面はどれですか。

テスト対策ナビ

いくつかの平面で囲まれた立体を「多面体」というよ。

ポイント

投影図では，立面図と平面図の対応する頂点を上下でそろえてかき，破線で結んでおく。また，実際に見える辺は実線で示し，見えない辺は破線で示す。

ポイント

円柱の側面の横の長さは，底面の円の周の長さと等しい。

絶対に覚える!

空間内にある 2 直線の位置関係は，
- 交わる
- 平行である
- ねじれの位置にある

の 3 つの場合がある。

テストに出る！

予想問題 ①　6章 空間図形　1節 立体と空間図形 (1)

🕓20分　/26問中

1 よく出る　いろいろな立体　次の立体㋐～㋕について，表を完成させなさい。

㋐ 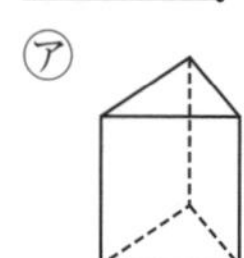
㋑ 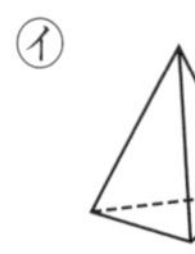
㋒ 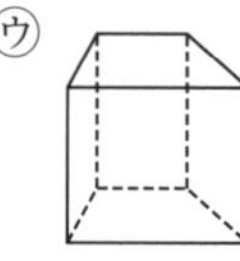
㋓ 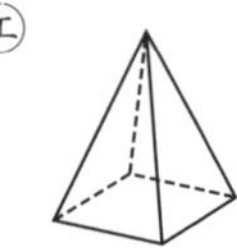
㋔ 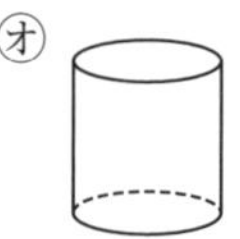
㋕ 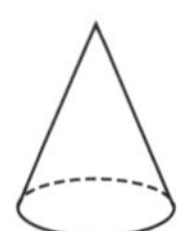

	立体の名前	面の数	多面体の名前	底面の形	側面の形	辺の数
㋐	三角柱					9
㋑		4			三角形	
㋒				四角形		
㋓	四角錐		五面体			
㋔						
㋕						

2 よく出る　立体の投影図　次の⑴～⑶の投影図は，直方体，三角錐，四角錐，円柱，球のうち，どの立体を表していますか。

⑴ 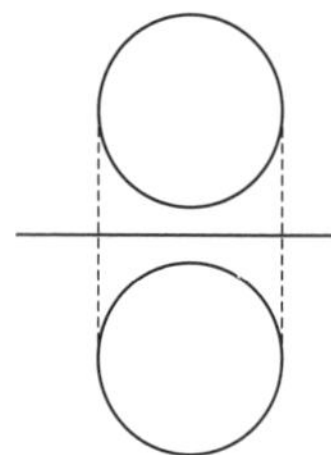

⑵ 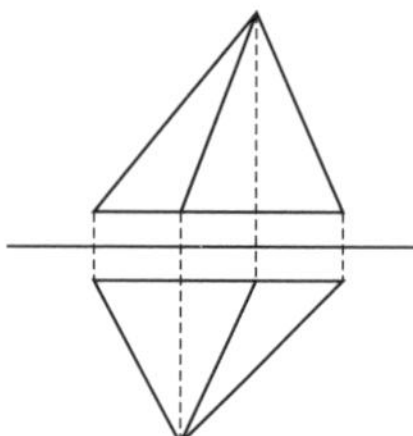

⑶ 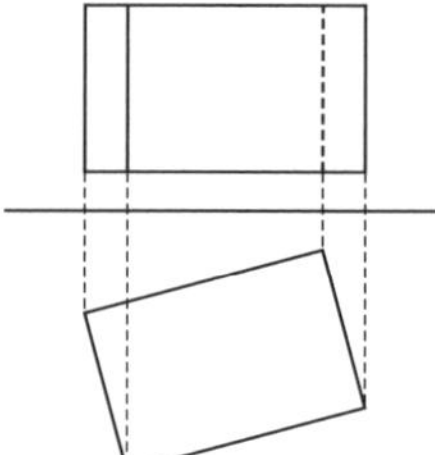

3 立体の投影図　右の図は，正四角錐の投影図の一部を示したものです。

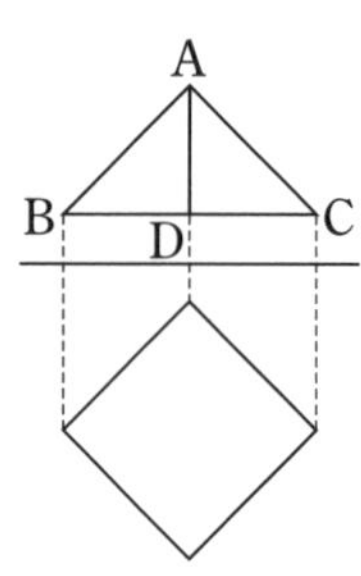

⑴　立面図の線分 AB，BC，AD のうち，実際の辺の長さが示されているのはどれですか。

⑵　かきたりないところをかき加えて，投影図を完成させなさい。

1 見取図を見ながら考えよう。
2 見取図をかいて考えてみよう。

 解答 p.17

テストに出る！

予想問題 ② 6章 空間図形 1節 立体と空間図形 (1)

20分 /9問中

1 立体の投影図　立方体をある平面で切ってできた立体を投影図で表したら，図1のようになりました。図2は，その立体の見取図の一部を示したものです。図のかきたりないところをかき加えて，見取図を完成させなさい。

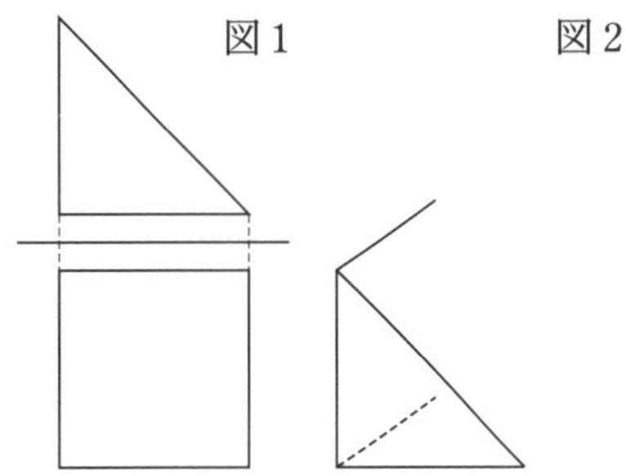

2 平面の決定　次の平面のうち，平面が1つに決まるものをすべて選び，記号で答えなさい。

㋐　2点をふくむ平面
㋑　同じ直線上にない3点をふくむ平面
㋒　平行な2直線をふくむ平面
㋓　交わる2直線をふくむ平面
㋔　ねじれの位置にある2直線をふくむ平面
㋕　1つの直線と，その直線上にない1点をふくむ平面

3 よく出る　直線や平面の平行と垂直　右の直方体について，次のそれぞれにあてはまるものをすべて答えなさい。

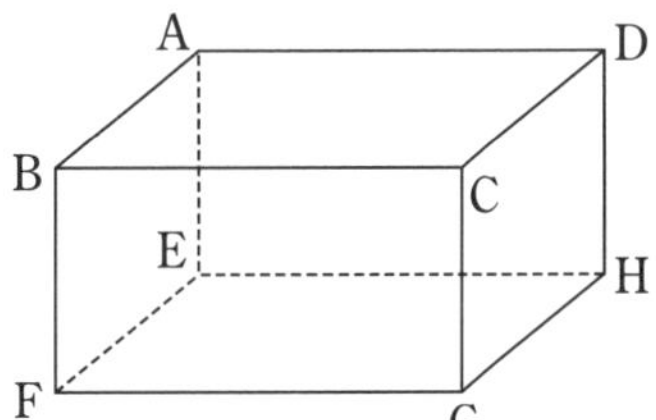

(1)　直線 AB と平行な直線

(2)　直線 BF と平行な平面

(3)　平面 ABFE と平行な平面

(4)　平面 AEHD と平行な直線

(5)　直線 AE とねじれの位置にある直線

(6)　直線 AB と垂直に交わる直線

(7)　平面 ABFE と垂直な平面

3 (5)　空間内の2直線では，平行でなく，交わらないときに，ねじれの位置にあるという。まずは，交わるか，交わらないかを調べよう。

1節 立体と空間図形 (2) 2節 立体の体積と表面積

テストに出る! 教科書のココが要点

さらっとまとめ (赤シートを使って，□に入るものを考えよう。)

1 面や線を動かしてできる立体 教 p.196〜p.199

・1つの多角形や円を，その面に 垂直 な方向に一定の距離だけ動かしてできる立体を，それぞれ，角柱，円柱 という。

・円柱，円錐，球などのように，1つの平面図形を，その平面上の直線 ℓ のまわりに1回転させてできる立体を 回転体 といい，直線 ℓ を 回転の軸，側面をえがく線分を 母線 という。

2 立体の体積と表面積 教 p.201〜p.209

・角柱や円柱の体積　体積＝底面積×高さ

・角錐や円錐の体積　体積＝$\frac{1}{3}$×底面積×高さ

・角柱や円柱の表面積　表面積＝底面積×2＋側面積

・角錐や円錐の表面積　表面積＝底面積＋側面積

・半径 r の球の体積 V と表面積 S　$V=\frac{4}{3}\pi r^3$　$S=4\pi r^2$

立体の1つの底面の面積を底面積，表面全体の面積を表面積，側面全体の面積を側面積というよ。

スピード確認 (□に入るものを答えよう。答えは，下にあります。)

1

□ 右の図で，線分 AB を，六角形に垂直に立てたまま，その周にそって1まわりさせると，①を高さとする②ができます。

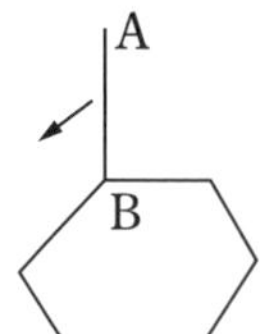

2

□ 右下の図は，円柱とその展開図です。
この円柱について，底面積は ③ cm^2 だから，
体積は ③×8＝④ (cm^3)
側面積は ⑤ cm^2 だから，
★側面の展開図の長方形は，その横の長さが $2\pi\times4$ (cm)
表面積は ③×2＋⑤＝⑥ (cm^2)
★円柱だから，底面が2つある。

□ 半径 12 cm の球の体積は ⑦ (cm^3)，
★体積は $\frac{4}{3}\pi r^3$ に代入する。
表面積は ⑧ (cm^2)
★表面積は $4\pi r^2$ に代入する。

4 cm　8 cm

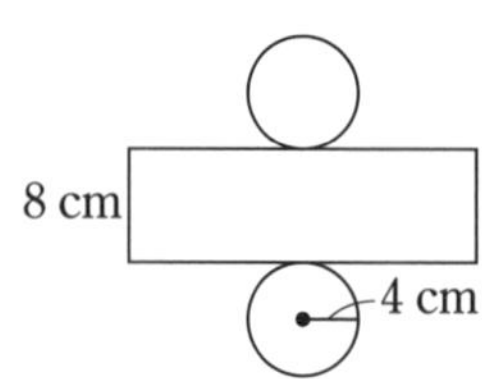

①
②
③
④
⑤
⑥
⑦
⑧

答 ①AB ②六角柱 ③$16\pi$ ④$128\pi$ ⑤$64\pi$ ⑥$96\pi$ ⑦$2304\pi$ ⑧$576\pi$

解答 p.18

基礎力UP テスト対策問題

1 面の動き　次の図をその面に垂直な方向に，一定の距離だけ平行に動かすと，どんな立体ができますか。

(1)　四角形

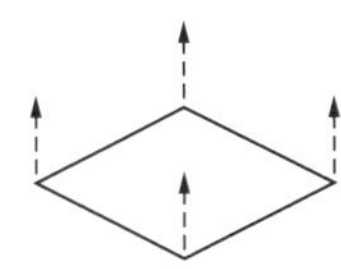

(2)　五角形

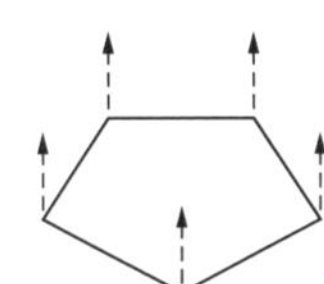

(3)　円

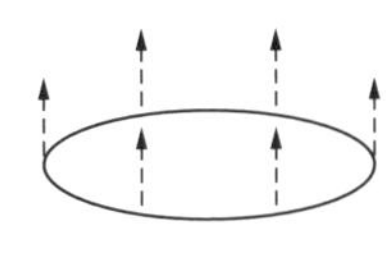

2 円錐の展開図　右の円錐の展開図について，次の問いに答えなさい。

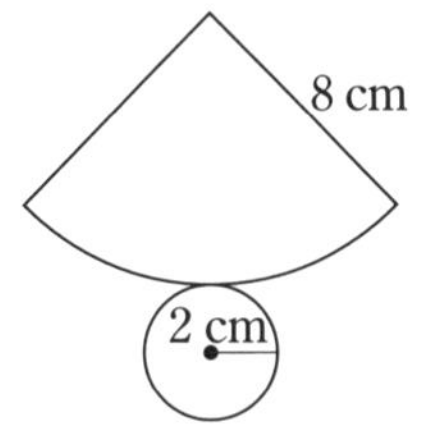

(1)　側面の展開図のおうぎ形の中心角を求めなさい。

(2)　側面の展開図のおうぎ形の面積を求めなさい。

3 立体の体積　次の立体の体積を求めなさい。

(1)　正四角錐

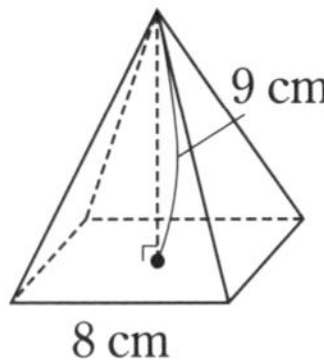

(2)　円錐

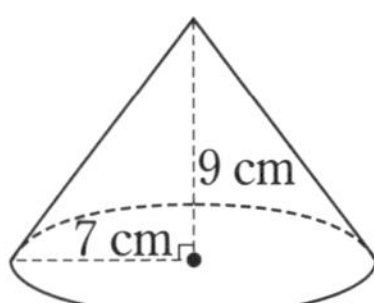

4 立体の表面積　次の立体の表面積を求めなさい。

(1)　正四角錐

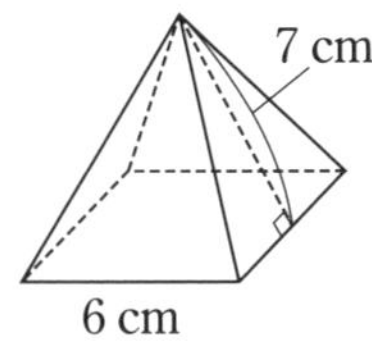

(2)　円錐

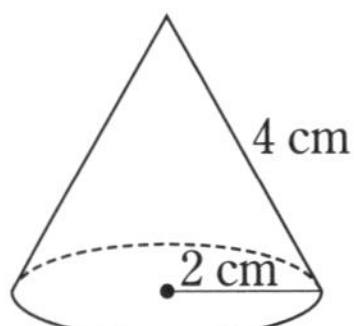

テスト対策ナビ

ポイント

図形をその面に垂直な方向に動かすと柱体ができる。

ポイント

円錐の表面積の求め方

1　展開図をかく。
2　底面積を求める。
3　側面の展開図のおうぎ形の中心角 $x°$ を求める。
(底面の円の周の長さ)：(おうぎ形と等しい半径の円の周の長さ)$=x：360$
4　側面積を求める。
5　底面積＋側面積を計算する。

角錐や円錐の体積を求めるときは，$\frac{1}{3}$ をかけることを忘れないようにしよう。

テストに出る！

予想問題 ①　6章 空間図形　1節 立体と空間図形 (2)　2節 立体の体積と表面積

🕓20分　/14問中

1 回転体　右の図形㋐，㋑，㋒を，直線 ℓ を回転の軸として1回転させるとき，次の問いに答えなさい。

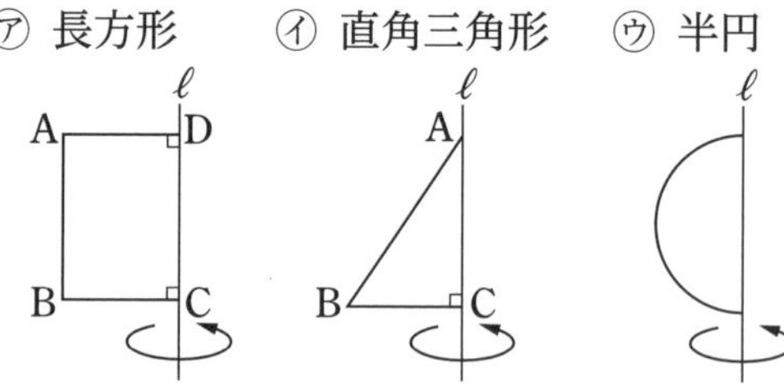

(1) 右の図で，辺 AB のことを，1回転させてできる立体の何といいますか。

(2) それぞれどんな立体ができますか。また，1回転させてできる立体を回転の軸をふくむ平面で切ったり，回転の軸に垂直な平面で切ると，その切り口はどんな図形になりますか。下の表を完成させなさい。

	㋐	㋑	㋒
立体			
回転の軸をふくむ平面で切る			
回転の軸に垂直な平面で切る			

 立体の構成　下の㋐～㋓の立体について，次の問いに答えなさい。

㋐
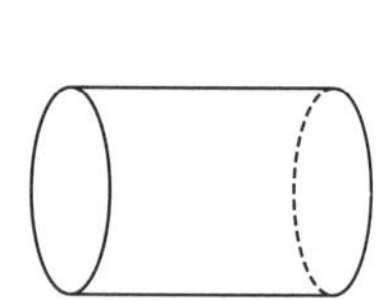
㋑
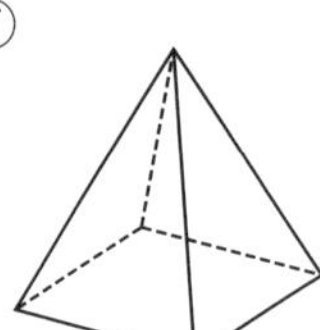
㋒
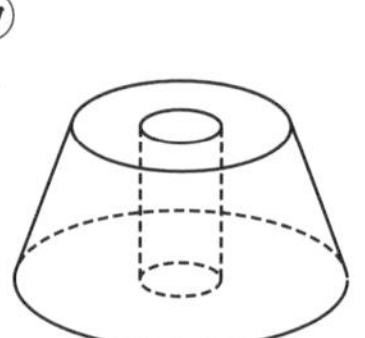
㋓
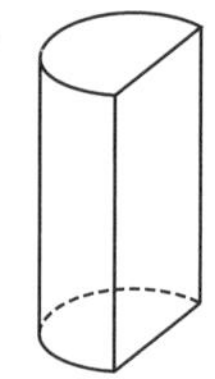

(1) 面を平行に動かしてできる立体をすべて選び，記号で答えなさい。

(2) 面を1回転させてできる立体をすべて選び，記号で答えなさい。

3 立体の体積と表面積　1辺が6 cm の正方形を，その面に垂直な方向に5 cm だけ平行に動かしてできる立体の体積と表面積を求めなさい。

2 ㋐は円を平行移動させるか，長方形を回転させてできる立体である。
回転体は直線のまわりに1回転させてできる立体なので，㋓は回転体ではない。

テストに出る！

予想問題 ② 6章 空間図形 2節 立体の体積と表面積

20分　/14問中

1 よく出る 円錐の展開図　右の図の円錐の展開図をかくとき，次の問いに答えなさい。

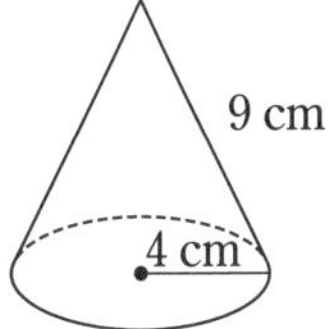

(1) 側面の展開図のおうぎ形の半径を何 cm にすればよいですか。また，中心角を何度にすればよいですか。

(2) 側面になるおうぎ形の弧の長さと面積を求めなさい。

2 よく出る 立体の体積と表面積　次の立体の体積と表面積を求めなさい。

(1) 三角柱

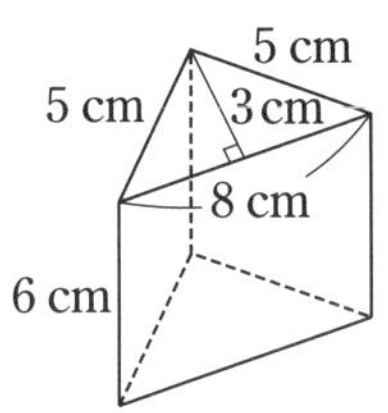

(2) 正四角錐

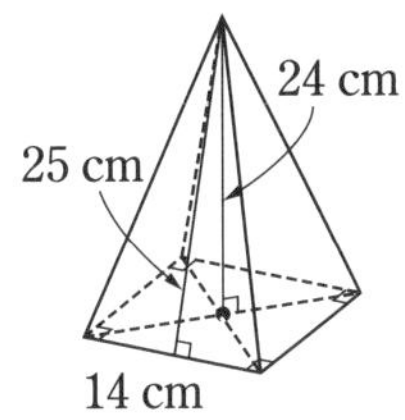

(3) 円柱

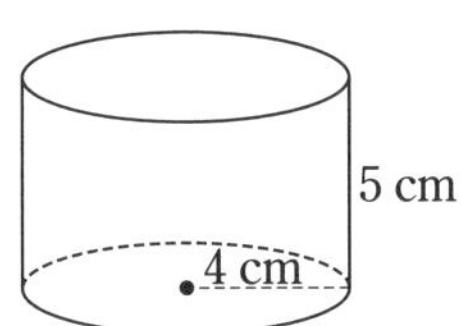

(4) 円錐

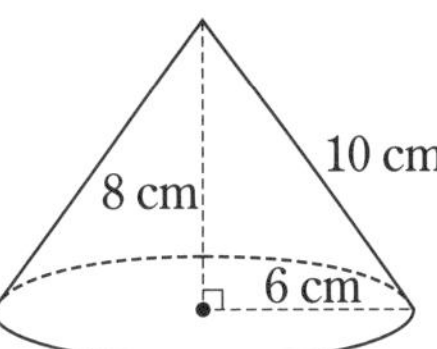

3 回転体の体積と表面積　右の図のような半径 3 cm，中心角 90° のおうぎ形を，直線 ℓ を回転の軸として 1 回転させてできる立体の体積と表面積を求めなさい。

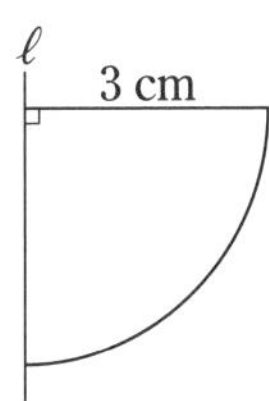

3 半径 r の球の体積 V と表面積 S　　$V=\frac{4}{3}\pi r^3$，$S=4\pi r^2$

テストに出る！

章末予想問題　6章　空間図形

30分

/100点

1 次の立体㋐〜㋘の中から，(1)〜(5)のそれぞれにあてはまるものをすべて選び，記号で答えなさい。

5点×5〔25点〕

㋐ 正三角柱　㋑ 正四角柱　㋒ 正六面体　㋓ 円柱　㋔ 正三角錐
㋕ 正四角錐　㋖ 正八面体　㋗ 円錐　㋘ 球

(1) 正三角形の面だけで囲まれた立体　(2) 正方形の面だけで囲まれた立体

(3) 5つの面で囲まれた立体　(4) 平面図形を1回転させてできる立体

(5) 平面図形を，その面に垂直な方向に，一定の距離だけ平行に動かしてできる立体

2 右の図は底面が AD∥BC の台形である四角柱です。この四角柱について，次のそれぞれにあてはまるものをすべて答えなさい。

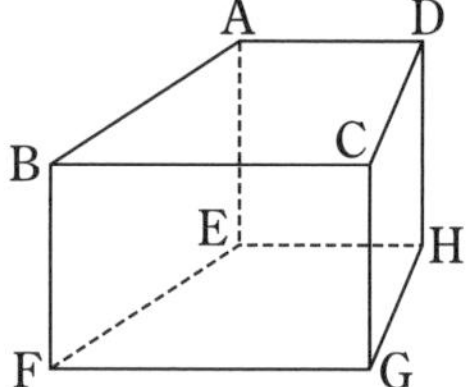

(1) 直線 AD と平行な平面

5点×6〔30点〕

(2) 平面 ABFE と平行な直線

(3) 直線 AE と垂直な平面　(4) 平面 ABCD と垂直な直線

(5) 平面 AEHD と垂直な平面　(6) 直線 AB とねじれの位置にある直線

3 差がつく 空間内にある直線や平面について述べた次の文のうち，正しいものをすべて選び，記号で答えなさい。

〔7点〕

㋐ 交わらない2直線は平行である。
㋑ 1つの直線に平行な2直線は平行である。
㋒ 1つの直線に垂直な2直線は平行である。
㋓ 1つの直線に垂直な2平面は平行である。
㋔ 1つの平面に垂直な2直線は平行である。
㋕ 平行な2平面上の直線は平行である。

解答 p.19

満点ゲット作戦

体積を求める→投影図や見取図で立体の形を確認する。

表面積を求める→展開図をかくとすべての面が確認できる。

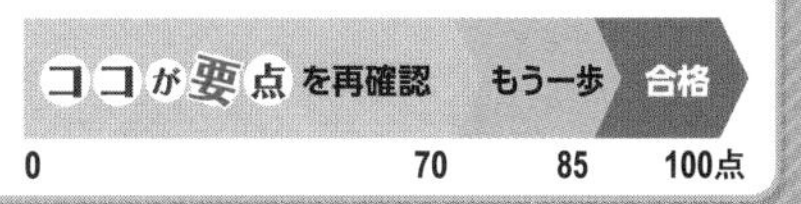

4 次の(1)，(2)の投影図で表された三角柱や円錐の体積を求めなさい。　8点×2〔16点〕

(1)

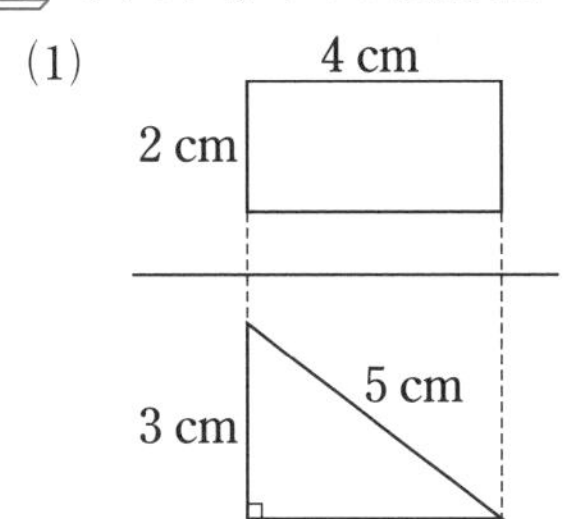

(2)

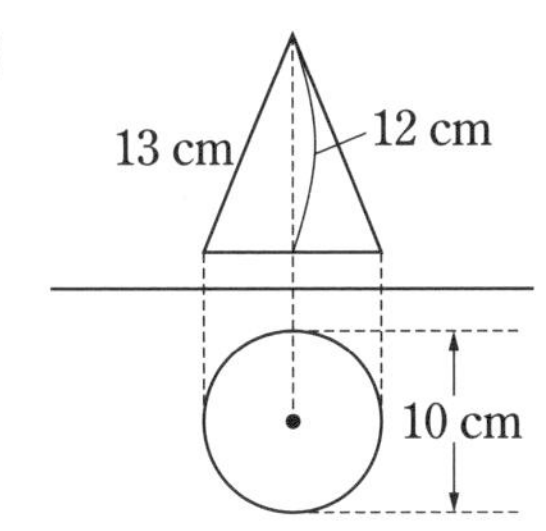

5 直方体のふたのない容器いっぱいに水を入れて，右の図のように傾けると，何 cm³ の水が残りますか。　〔8点〕

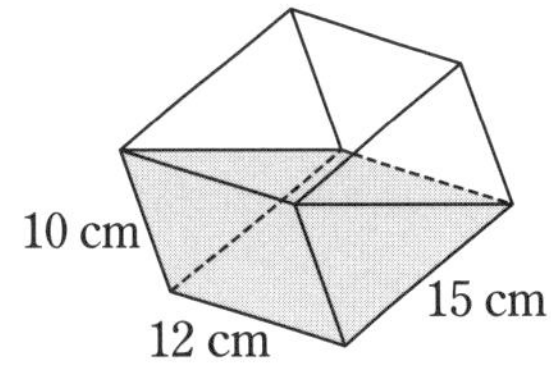

6 **差がつく** 右の図のような直角三角形と長方形を組みあわせた図形を，直線 ℓ を回転の軸として1回転させてできる立体について，体積と表面積を求めなさい。　7点×2〔14点〕

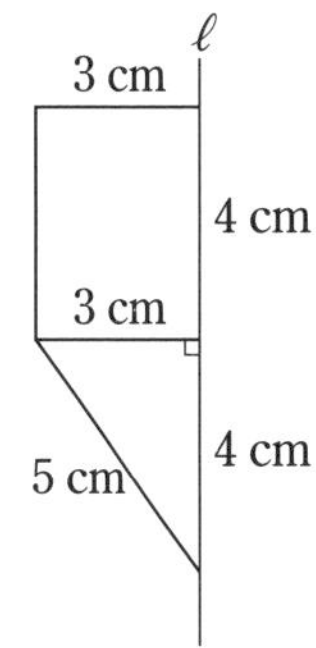

<table>
<tr><td rowspan="2">1</td><td>(1)</td><td>(2)</td><td>(3)</td></tr>
<tr><td>(4)</td><td>(5)</td><td></td></tr>
<tr><td rowspan="3">2</td><td>(1)</td><td colspan="2">(2)</td></tr>
<tr><td>(3)</td><td colspan="2">(4)</td></tr>
<tr><td>(5)</td><td colspan="2">(6)</td></tr>
<tr><td>3</td><td></td><td>4 (1)</td><td>(2)</td></tr>
<tr><td>5</td><td></td><td>6 体積</td><td>表面積</td></tr>
</table>

1	/25点	2	/30点	3	/7点	4	/16点	5	/8点	6	/14点

7章 データの活用

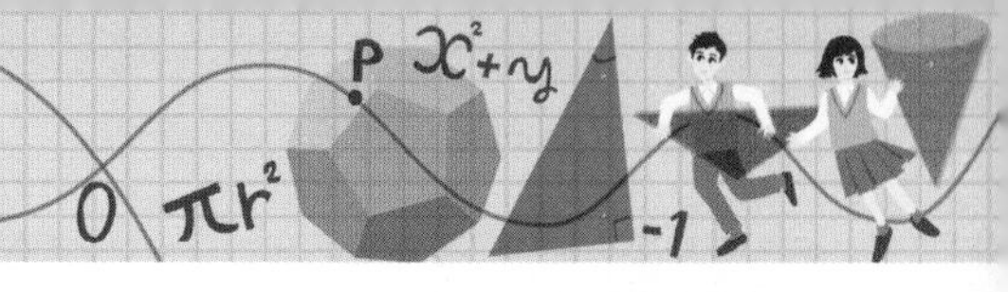

1節 ヒストグラムと相対度数　2節 データにもとづく確率

テストに出る！ 教科書のココが要点

さらっとまとめ（赤シートを使って，□に入るものを考えよう。）

1 ヒストグラムと相対度数 教 p.216～p.231

（人）
12, 10, 8, 6, 4, 2, 0
10 20 30 40 50 60 70（分）

- データの最大値と最小値の差を，分布の［範囲］という。
- データをいくつかの区間に分けた1つ1つの区間を，［階級］という。
- 各階級にはいるデータの個数を，その階級の［度数］といい，階級に応じて，度数を整理した表を［度数分布表］という。
- 最初の階級から，ある階級までの度数の合計を［累積度数］という。
- 階級の幅を横，度数を縦とする長方形を並べたグラフを［ヒストグラム］または，［柱状グラフ］という。
- ヒストグラムの1つ1つの長方形の上の辺の中点を，順に線分で結んだ折れ線グラフを，［度数分布多角形］または，［度数折れ線］という。
- 平均値，中央値，最頻値のように，データの値全体を代表する値を［代表値］という。
- 度数分布表で，それぞれの階級のまん中の値を［階級値］という。
- 階級の度数の，全体に対する割合を，その階級の［相対度数］という。

$$相対度数=\frac{階級の度数}{度数の合計}$$

- 最初の階級から，ある階級までの相対度数の合計を［累積相対度数］という。

2 相対度数と確率 教 p.234～p.237

- あることがらの起こりやすさの程度を表す数を，そのことがらの起こる［確率］という。多数回の実験を行ったときでは，［相対度数］を確率と考えることができる。

スピード確認（□に入るものを答えよう。答えは，下にあります。）

1 □ 右の表は，ある品物の重さを整理した表である。15 g 以上 20 g 未満の階級の階級値は［①］，最頻値は［②］，15 g 以上 20 g 未満の階級の相対度数は［③］である。また，15 g 以上 20 g 未満の階級までの累積度数は［④］である。

★度数分布表では，度数のもっとも多い階級の階級値を最頻値として用いる。

階級(g)	度数(個)
以上　未満	
5～10	8
10～15	26
15～20	13
20～25	3
計	50

①
②
③
④
⑤

2 □ びんのふたを1000回投げて450回表が出たとき，表が出る確率は［⑤］であると考えられる。

答 ①17.5 g　②12.5 g　③0.26　④47個　⑤0.45

テストに出る！

予想問題

7章 データの活用
1節 ヒストグラムと相対度数　2節 データにもとづく確率

20分　/14問中

1 よく出る　度数分布表　右の表は，50人の生徒の身長を測定した結果を度数分布表に整理したものです。

階級(cm)	度数(人)
以上　未満	
140〜145	9
145〜150	12
150〜155	14
155〜160	10
160〜165	5
計	50

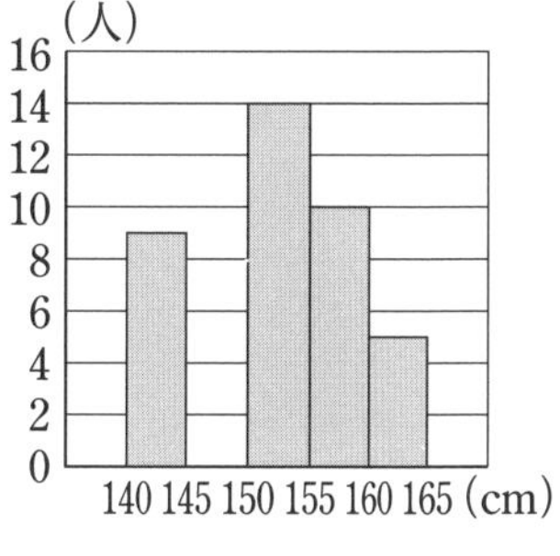

(1) 階級の幅を答えなさい。

(2) 身長が145 cmの生徒は，どの階級にはいりますか。

(3) 身長が155 cm以上の生徒は何人いますか。

(4) 150 cm以上155 cm未満の階級の階級値を求めなさい。

(5) 上のヒストグラムを完成させなさい。また，度数分布多角形をかき入れなさい。

2 相対度数，累積度数　右の表は，ある中学校の1年生60人の数学のテストの得点を整理したものです。

階級(点)	度数(人)	相対度数	累積相対度数
以上　未満			
0〜 20	6	0.10	0.10
20〜 40	12	②	⑤
40〜 60	21	③	⑥
60〜 80	①	④	⑦
80〜100	6	0.10	1.00
計	60	1.00	

(1) 表の①〜⑦にあてはまる数を求めなさい。

(2) 最頻値を求めなさい。

3 確率　画びょうを2000回投げたら，1160回針が上向きになりました。この画びょうを投げるとき，針が上向きになる確率は，どのくらいだと考えられますか。

2 (1) それぞれの階級の度数を，度数の合計の60でわって，相対度数を求める。
(2) 度数分布表では，度数のもっとも多い階級の階級値が最頻値となる。

テストに出る！

章末予想問題　7章 データの活用

15分　/100点

1 下のデータは，9人の生徒のハンドボール投げの記録を示したものです。　8点×3〔24点〕

20, 15, 27, 21, 23, 29, 27, 16, 18 (m)

(1) 中央値を求めなさい。

(2) 分布の範囲を求めなさい。

(3) 上のデータに，10人目の生徒の記録 25 m が加わったときの中央値を求めなさい。

2 右の表は，40人の生徒の 50 m 走の記録を度数分布表に整理したものです。　8点×8〔64点〕

階級(秒)	階級値(秒)	度数(人)	階級値×度数
以上　未満			
7.0〜7.4	7.2	3	21.6
7.4〜7.8	①	5	③
7.8〜8.2	8.0	12	96.0
8.2〜8.6	8.4	10	84.0
8.6〜9.0	8.8	②	④
9.0〜9.4	9.2	1	9.2
計		40	⑤

(1) 表の①〜⑤にあてはまる数を求めなさい。

(2) 平均値を求めなさい。

(3) 7.8秒以上8.2秒未満の階級の累積度数を求めなさい。

(4) 8.2秒以上8.6秒未満の階級の相対度数を求めなさい。

3 ペットボトルのキャップを投げる実験を2000回行ったところ，表が出た回数は380回でした。このペットボトルのキャップを投げたとき，表が出る確率は，どのくらいだと考えられますか。　〔12点〕

1	(1)	(2)	(3)
2	(1) ①	②	③
	④	⑤	
	(2)	(3)	(4)
3			

1	/24点	2	/64点	3	/12点

中間・期末の攻略本

取りはずして使えます！

解答と解説

啓林館版　数学1年

1章　正の数・負の数

p.3　テスト対策問題

1 A…$-5.5\left(-\dfrac{11}{2}\right)$　B…-2

C…$+0.5\left(+\dfrac{1}{2}\right)$　D…$+3$

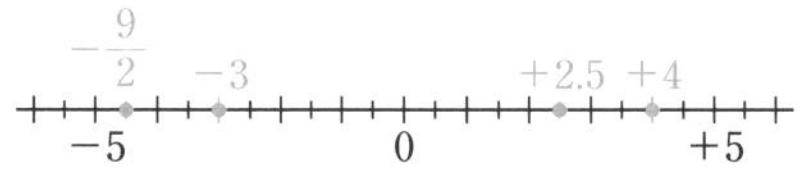

2 (1) -3 時間　(2) $+12$ kg

3 (1) ① 9　② 2.5

③ 7.2　④ $\dfrac{3}{5}$

(2) $+5$, -5　(3) 9 個

(4) ① $-7<+2$　② $-5<-3$

③ $-7<-4<+5$

④ $-1<-0.1<+0.01$

(5) -1　(6) -1

解説

1 数直線では，正の数は 0 より右の方，負の数は 0 より左の方で表す。

2 **ポイント**　反対の性質をもつと考えられる量は，正の数，負の数を使って表すことができる。

3 (1) 絶対値は，正や負の数から，＋や－の符号をとった数になる。小数や分数の絶対値も整数と同じように考える。

(2) **注意**　ある絶対値になるもとの数は，0 を除いて，＋と－の 2 つの数がある。

(3) 数直線をかいて大小関係を考えると，-4 以上 $+4$ 以下の整数とわかる。

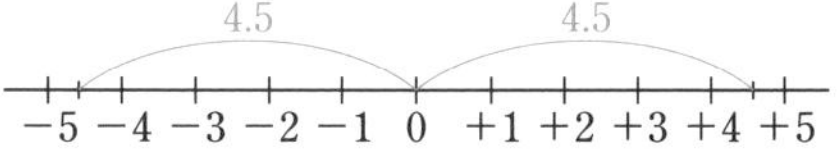

p.4　予想問題

1 (1) ① -6°C　② $+3.5$°C

(2) ① ある地点から 800 m 東の地点

② ある地点から 300 m 西の地点

2 (1) $-5<+3$

(2) $-4.5<-4$

(3) $-0.04<0<+0.4$

(4) $-\dfrac{2}{5}<-0.3<-\dfrac{1}{4}$

3 (1) $-\dfrac{5}{2}$　(2) -2 と $+2$

(3) $+\dfrac{2}{3}$　(4) 3 個

解説

1 (2) ② 東の反対は西。

2 **ポイント**　数の大小は数直線をかいて考えるとよい。特に，負の数どうしのときは注意する。

(3) (負の数)<0<(正の数)

(4) 小数になおして考える。

$-\dfrac{1}{4}=-0.25$, $-\dfrac{2}{5}=-0.4$

$-0.4<-0.3<-0.25$

3 数直線上に数を表して考える。分数は小数になおして考える。

$+\dfrac{2}{3}=+0.66\cdots$　$-\dfrac{5}{2}=-2.5$

$-\frac{5}{2}$　-2.3　-0.8　$+\frac{2}{3}$　$+1.5$

-2　-1　0　$+1$　$+2$

(2) 符号をとって考える。

(3) 絶対値がもっとも小さい数は 0，小さい方から 2 番目の数は，0 にもっとも近い $+\dfrac{2}{3}$

(4) 絶対値が 1 より小さい数は -1 から $+1$ の間の数である。

p.6 テスト対策問題

1 (1) -5 (2) -2 (3) 3
(4) -22 (5) -8 (6) -4

2 (1) 48 (2) 48 (3) -35
(4) -9

3 (1) -10 (2) $\frac{5}{17}$ (3) $-\frac{1}{21}$
(4) $\frac{5}{3}$

4 (1) -6 (2) 12 (3) $-\frac{2}{9}$
(4) -15

5 (1) -1 (2) -36 (3) 125
(4) 1000

6 (1) $2^2\times3\times11$ (2) $3^3\times7$
(3) $2\times5^2\times7$

解説

1 (1) $(-8)+(+3)=-(8-3)=-5$
(2) $(-6)-(-4)=(-6)+(+4)=-(6-4)=-2$
(3) $(+5)+(-8)+(+6)=5-8+6=5+6-8$
$=11-8=3$

2 (1) $(+8)\times(+6)=+(8\times6)=+48$
(2) $(-4)\times(-12)=+(4\times12)=+48$
(3) $(-5)\times(+7)=-(5\times7)=-35$
(4) $\left(-\frac{3}{5}\right)\times15=-\left(\frac{3}{5}\times15\right)=-9$

3 ポイント 逆数は，分数では，分子と分母の数字を逆にすればよい。(3)の -21 は $-\frac{21}{1}$，(4)の小数の 0.6 は分数の $\frac{3}{5}$ にして考える。

4 (1) $(+54)\div(-9)=-(54\div9)=-6$
(2) $(-72)\div(-6)=+(72\div6)=+12$
(3) $(-8)\div(+36)=-(8\div36)=-\frac{8}{36}=-\frac{2}{9}$
(4) $18\div\left(-\frac{6}{5}\right)=18\times\left(-\frac{5}{6}\right)=-\left(18\times\frac{5}{6}\right)=-15$

5 (1) $(-1)^3=(-1)\times(-1)\times(-1)$
$=-(1\times1\times1)=-1$
(2) $-6^2=-(6\times6)=-36$
(3) $(-5)\times(-5^2)=(-5)\times(-25)=+(5\times25)$
$=+125$
(4) $(5\times2)^3=10^3=10\times10\times10=1000$

p.7 予想問題 ❶

1 (1) 22 (2) 16 (3) -9.6
(4) $\frac{1}{6}$ (5) -3 (6) -6
(7) -3 (8) 6.8 (9) 3.3
(10) $-\frac{3}{4}$

2 (1) -120 (2) -0.92 (3) 0
(4) $\frac{1}{2}$

3 (1) -9 (2) 0 (3) $\frac{5}{8}$
(4) -6

解説

1 (1) $(+9)+(+13)=+(9+13)=+22=22$
(2) $(-11)-(-27)=(-11)+(+27)$
$=+(27-11)=+16$
(3) $(-7.5)+(-2.1)=-(7.5+2.1)=-9.6$
(4) $\left(+\frac{2}{3}\right)-\left(+\frac{1}{2}\right)=\left(+\frac{2}{3}\right)+\left(-\frac{1}{2}\right)$
$=\left(+\frac{4}{6}\right)+\left(-\frac{3}{6}\right)=+\left(\frac{4}{6}-\frac{3}{6}\right)=+\frac{1}{6}$
(5) $-7+(-9)-(-13)=-7-9+13$
$=-16+13=-3$
(6) $6-8-(-11)+(-15)=6-8+11-15=-6$
(7) $-3.2+(-4.8)+5=-3.2-4.8+5$
$=-8+5=-3$
(8) $4-(-3.2)+\left(-\frac{2}{5}\right)=4+3.2+(-0.4)$
$=7.2-0.4=6.8$
(9) $2-0.8-4.7+6.8=2+6.8-0.8-4.7$
$=8.8-5.5=3.3$
(10) $-1+\frac{1}{3}-\frac{5}{6}+\frac{3}{4}=-1-\frac{5}{6}+\frac{1}{3}+\frac{3}{4}$
$=-\frac{12}{12}-\frac{10}{12}+\frac{4}{12}+\frac{9}{12}=-\frac{22}{12}+\frac{13}{12}=-\frac{9}{12}$
$=-\frac{3}{4}$

2 (2) $(+0.4)\times(-2.3)=-(0.4\times2.3)$
$=-0.92$

3 (3) $\left(-\frac{35}{8}\right)\div(-7)=\left(-\frac{35}{8}\right)\times\left(-\frac{1}{7}\right)$
$=+\left(\frac{35}{8}\times\frac{1}{7}\right)=+\frac{5}{8}$

p.8 予想問題 ❷

1 (1) **340**　(2) **−1300**　(3) **−3000**
(4) **−69**

2 (1) **12**　(2) **−16**　(3) **128**
(4) **15**　(5) **−10**　(6) $\frac{7}{2}$
(7) $\frac{1}{2}$　(8) **−12**

3 (1) **−44**　(2) **−4**　(3) **−10**
(4) **1.5**　(5) **22**　(6) **1**
(7) $-\frac{3}{4}$　(8) **6**

解説

1 (1) $4\times(-17)\times(-5)=4\times(-5)\times(-17)$
$=-20\times(-17)=+(20\times17)=+340$

(2) $13\times(-25)\times4=13\times\{(-25)\times4\}$
$=13\times(-100)=-1300$

(3) $-3\times(-8)\times(-125)=-3\times\{(-8)\times(-125)\}$
$=-3\times1000=-3000$

(4) $18\times23\times\left(-\frac{1}{6}\right)=18\times\left(-\frac{1}{6}\right)\times23$
$=(-3)\times23=-69$

2 (1) $9\div(-6)\times(-8)=9\times\left(-\frac{1}{6}\right)\times(-8)=+12$

(2) $(-96)\times(-2)\div(-12)$
$=(-96)\times(-2)\times\left(-\frac{1}{12}\right)=-16$

(3) $-5\times16\div\left(-\frac{5}{8}\right)=-5\times16\times\left(-\frac{8}{5}\right)=+128$

(5) $\left(-\frac{3}{4}\right)\times\frac{8}{3}\div0.2=\left(-\frac{3}{4}\right)\times\frac{8}{3}\div\frac{1}{5}$
$=\left(-\frac{3}{4}\right)\times\frac{8}{3}\times\frac{5}{1}=-10$

(7) $(-3)\div(-12)\times32\div(-4)^2$
$=(-3)\times\left(-\frac{1}{12}\right)\times32\times\frac{1}{16}=+\frac{1}{2}$

(8) $(-20)\div(-15)\times(-3^2)$
$=(-20)\times\left(-\frac{1}{15}\right)\times(-9)=-12$

3 「かっこの中→乗除→加減」の順序で計算。

(1) $4-(-6)\times(-8)=4-48=-44$

(2) $-7-24\div(-8)=-7+3=-4$

(3) $6\times(-5)-(-20)=-30+20=-10$

(4) $6.3\div(-4.2)-(-3)=-1.5+3=1.5$

(5) $-4^2\div8-3\times(-2)^3$
$=-16\div8-3\times(-8)=-2+24=22$

(6) $\frac{6}{5}+\frac{3}{10}\times\left(-\frac{2}{3}\right)=\frac{6}{5}-\frac{1}{5}=\frac{5}{5}=1$

(7) $\frac{3}{4}\div\left(-\frac{2}{7}\right)-\left(-\frac{3}{2}\right)\times\frac{5}{4}$
$=\frac{3}{4}\times\left(-\frac{7}{2}\right)+\frac{3}{2}\times\frac{5}{4}$
$=-\frac{21}{8}+\frac{15}{8}=-\frac{6}{8}=-\frac{3}{4}$

(8) $(9-3\times2)-12\div(-2^2)$
$=(9-6)-12\div(-4)=3+3=6$

p.9 予想問題 ❸

1 (1) ㋑　(2) ㋐　(3) ㋒
(4) ㋒　(5) ㋑

2 (1) **163 cm**　(2) **14 cm**　(3) **−12 cm**

3 (1) **−6 冊**　(2) **8 冊**　(3) **23 冊**

解説

2 (1) 160+3=163 (cm)

(2) 基準との違いを使って求める。
(+8)−(−6)=8+6=14 (cm)
別解 もっとも背が高い生徒D
…160+8=168 (cm)
もっとも背が低い生徒F
…160−6=154 (cm)
168−154=14 (cm)

(3) +8 が基準になるから,
−4−(+8)=−12 (cm)

3 (1) 注意 少ない場合は負の数になる。
(−4)−(+2)=−6 (冊)

(2) (+2)−(−6)=+8 (冊)

(3) Aが使ったノートの冊数は，クラスの冊数の平均より 4 冊少ない 21 冊だから，クラスの冊数の平均は 21+4=25 (冊) で，この値が仮平均となり，仮平均との違いの平均は,
{(−4)+0+(+2)+(−6)}÷4=−2 (冊)
より，4 人が使ったノートの冊数の平均は,
25+(−2)=23 (冊)
別解 それぞれの冊数を求めてもよい。
A…21 冊　B…25 冊
C…27 冊　D…19 冊
より，(21+25+27+19)÷4=23 (冊)

p.10～p.11 章末予想問題

1 (1) -10 分　(2)「-2 万円余る」

2 (1) -7　(2) -10　(3) $-\frac{2}{7}$

(4) $-\frac{17}{12}$

3 (1) -50　(2) 3　(3) $\frac{8}{3}$

(4) -12　(5) 40　(6) -32

(7) -2　(8) -12　(9) 14

(10) -1　(11) 1　(12) -150

4 (ア) -5　(イ) 0　(ウ) -3

(エ) $+1$　(オ) -2

5 6

6 (1) 0.5 点　(2) 60.5 点

解説

2 注意 小数や分数の混じった計算は，小数か分数のどちらかにそろえてから計算する。

(3) $-\frac{2}{5}-0.6-\left(-\frac{5}{7}\right)=-\frac{2}{5}-\frac{3}{5}+\frac{5}{7}$

$=-1+\frac{5}{7}=-\frac{2}{7}$

(4) $-1.5+\frac{1}{3}-\frac{1}{2}+\frac{1}{4}=-\frac{3}{2}-\frac{1}{2}+\frac{1}{3}+\frac{1}{4}$

$=-2+\frac{4}{12}+\frac{3}{12}=-2+\frac{7}{12}=-\frac{17}{12}$

3 ポイント 「かっこの中 → 乗除 → 加減」の順序で計算する。

(11) $15\times\left(\frac{2}{3}-\frac{3}{5}\right)=15\times\frac{2}{3}-15\times\frac{3}{5}$

$=10-9=1$

(12) $3\times(-18)+3\times(-32)$

$=3\times\{(-18)+(-32)\}=3\times(-50)=-150$

4 3 つの数の和は，$(+2)+(-1)+(-4)=-3$ になる。表はわかるところから求めていく。

5 $600=2^3\times3\times5^2=(2\times5)^2\times2\times3$

6 (1) $\{(+6)+(-8)+(+18)+(-5)+0$
$+(-15)+(+11)+(-3)\}\div8$
$=(+4)\div8=+0.5$ (点)

(2) 基準の 60 点との違いの平均が $+0.5$ 点だから，平均は $60+0.5=60.5$ (点)

別解 $(66+52+78+55+60+45+71+57)$
$\div8=484\div8=60.5$ (点)

2章　文字の式

p.13 テスト対策問題

1 (1) $-xy$　(2) a^3b^2

(3) $4x+2$　(4) $7-5x$

(5) $5(x-y)$　(6) $\frac{x-y}{5}$

2 (1) $4x+50$ (円)

(2) 時速 $\frac{a}{4}$ km $\left[\frac{a}{4}\text{ km/h}\right]$

(3) $x-12y$ (個)

(4) $8(x-y)$

3 (1) 2　(2) $-\frac{1}{9}$　(3) $\frac{1}{27}$

4 (1) $13x$　(2) $-y$

(3) $x-4$　(4) $\frac{1}{2}a-4$

(5) $16a-3$　(6) $9x-13$

解説

1 ポイント $1\times a=a$，$-1\times a=-a$ と書く。また，$b\times a$ は ba だが，ふつうはアルファベットの順にして，ab と書く。

2 (2) 別解 時速 $\frac{1}{4}a$ km としてもよい。

(3) 子どもに配ったみかんの数は，
$y\times12=12y$ (個)

(4) $(x-y)\times8=8(x-y)$

3 (2) $-a^2=-(a\times a)$ に $a=\frac{1}{3}$ を代入して，

$-\left(\frac{1}{3}\times\frac{1}{3}\right)=-\frac{1}{9}$

4 (1) $8x+5x=(8+5)x=13x$

(2) $2y-3y=(2-3)y=-1\times y=-y$

(3) $7x+1-6x-5=7x-6x+1-5$
$=(7-6)x-4=x-4$

(4) $4-\frac{5}{2}a+3a-8=-\frac{5}{2}a+3a+4-8$

$=-\frac{5}{2}a+\frac{6}{2}a-4=\frac{1}{2}a-4$

(5) $(7a-4)+(9a+1)=7a-4+9a+1$
$=7a+9a-4+1=16a-3$

(6) $(6x-5)-(-3x+8)=6x-5+3x-8$
$=6x+3x-5-8=9x-13$

p.14 予想問題 ❶

1 (1) $-5x$ (2) $\frac{5a}{2}$

(3) $\frac{ab^2}{3}$ (4) $\frac{x}{4y}$

2 (1) $2\times a\times b\times b$ (2) $x\div 3$

(3) $(-6)\times(x-y)$ (4) $2\times a-b\div 5$

3 (1) $100a-b$ (cm)

(2) $\frac{xy}{60}$ km $\left(\frac{1}{60}xy \text{ km}\right)$

4 (1) $\frac{21}{100}x$ 人 (2) $\frac{9}{10}a$ 円

5 (1) 0 (2) 28

(3) -22 (4) $-\frac{5}{2}$

解説

1 (1) かけ算の記号×を省き，数を文字の前に書く。

(2) わり算は，記号÷を使わないで，分数の形で書く。

(3) $a\div 3\times b\times b=\frac{a}{3}\times b^2=\frac{ab^2}{3}$

(4) 除法は逆数をかけることと同じだから，

$x\div y\div 4=x\times\frac{1}{y}\times\frac{1}{4}=\frac{x}{4y}$

2 (2)(4) 分数はわり算の形で表せる。

3 ミス注意！ 単位をそろえて，式をつくる。

(1) a m $=100a$ cm だから，

$100a-b$ (cm)

(2) y 分を $\frac{y}{60}$ 時間としてから，

道のり＝速さ×時間 の公式にあてはめる。

4 (1) 21％は，全体の $\frac{21}{100}$ の割合を表す。

(2) 9割は，全体の $\frac{9}{10}$ の割合を表す。

5 (1) $-2a-10=-2\times a-10$

$=-2\times(-5)-10=10-10=0$

(2) $3+(-a)^2=3+\{-(-5)\}^2$

$=3+(+5)^2=3+25=28$

(3) $2a-4b=2\times(-5)-4\times 3=-10-12$

$=-22$

(4) $\frac{10}{a}-\frac{b}{6}=\frac{10}{-5}-\frac{3}{6}=-2-\frac{1}{2}=-\frac{5}{2}$

p.15 予想問題 ❷

1 (1) 項… $3a$，$-5b$

a の係数… 3　b の係数… -5

(2) 項… $-2x$，$\frac{y}{3}$

x の係数… -2　y の係数… $\frac{1}{3}$

(3) 項… x，$-y$，-3

x の係数… 1　y の係数… -1

2 (1) $11a$ (2) $-4b$

(3) $a+1$ (4) $\frac{3b}{4}-3$ $\left(\frac{3}{4}b-3\right)$

(5) $3x+3$ (6) $2a-9$

(7) $-x-1$ (8) $-5x$

(9) $5x+3$ (10) $-10x-3$

3 和… $3x-2$　差… $15x+4$

解説

1 (1) $3a-5b=3a+(-5b)$

$3a=3\times a$，$-5b=-5\times b$

(2) $-2x=-2\times x$，$\frac{y}{3}=\frac{1}{3}y=\frac{1}{3}\times y$

(3) $x=1\times x$，$-y=-1\times y$

2 (1) $4a+7a=(4+7)a=11a$

(2) $8b-12b=(8-12)b=-4b$

(3) $5a-2-4a+3=5a-4a-2+3=a+1$

(4) $\frac{b}{4}-3+\frac{b}{2}=\frac{b}{4}+\frac{b}{2}-3=\frac{b}{4}+\frac{2b}{4}-3$

$=\frac{3b}{4}-3$

(5) $5x+(-2x+3)=5x-2x+3=3x+3$

(6) $-3a-(-5a+9)=-3a+5a-9=2a-9$

(7) $(3x+6)+(-4x-7)=3x+6-4x-7$

$=3x-4x+6-7=-x-1$

(8) $(-2x+4)-(3x+4)=-2x+4-3x-4$

$=-2x-3x+4-4=-5x$

(9) $(7x-5)+(-2x+8)=7x-5-2x+8$

$=5x+3$

(10) $(-6x-5)-(4x-2)=-6x-5-4x+2$

$=-10x-3$

3 $(9x+1)+(-6x-3)=9x+1-6x-3$

$=3x-2$

$(9x+1)-(-6x-3)=9x+1+6x+3$

$=15x+4$

p.17 テスト対策問題

1 (1) $48a$ (2) y

(3) $3x$ (4) $9m$

2 (1) $7x+14$ (2) $-8x+2$

(3) $2x-1$ (4) $3x-4$

(5) $3x-2$ (6) $6x+16$

3 (1) $14x+7$ (2) $-19x+8$

4 (1) 1冊x円のノート3冊と1本y円の鉛筆5本の代金の合計は750円である。

(2) 1冊x円のノート1冊と1本y円の鉛筆1本の代金の差は100円である。

(3) 1本y円の鉛筆7本を買って，1000円札を出したときのおつりは250円より少ない（250円未満である）。

(4) 1冊x円のノート6冊と1本y円の鉛筆5本の代金の合計は1000円以上である。

解説

1 (2) $6\times\frac{1}{6}y=6\times\frac{1}{6}\times y=1\times y=y$

(3) $15x\div5=\frac{15x}{5}=3x$

(4) $3m\div\frac{1}{3}=3m\times3=9m$

2 ポイント　分配法則を利用する。

(1) $7(x+2)=7\times x+7\times2=7x+14$

(2) $(4x-1)\times(-2)=4x\times(-2)+(-1)\times(-2)$
$=-8x+2$

(4) $\left(\frac{1}{2}x-\frac{2}{3}\right)\times6=\frac{1}{2}x\times6+\left(-\frac{2}{3}\right)\times6$
$=3x-4$

(5) $(6x-4)\div2=\frac{6x-4}{2}=3x-2$

(6) $\frac{3x+8}{2}\times4=(3x+8)\times2=6x+16$

3 (1) $2(4x-10)+3(2x+9)=8x-20+6x+27$
$=14x+7$

(2) $5(-2x+1)-3(3x-1)=-10x+5-9x+3$
$=-19x+8$

4 (4) 「≧1000」は1000もふくむことを表すので，1000円以上となる。

p.18 予想問題 ❶

1 (1) $-12x$ (2) $-16y$

(3) $-2a$ (4) $-\frac{3}{2}b\left(-\frac{3b}{2}\right)$

(5) $\frac{3}{2}x$ (6) $-\frac{12}{7}y$

2 (1) $24a-56$ (2) $-2m+5$

(3) $-4a+17$ (4) $-5m+1$

(5) $-24a+30$ (6) $45x+10$

3 (1) $12x-23$ (2) $13x-12$

(3) $-x+2$ (4) $8x-7$

解説

1 (5) $(-7)\times\left(-\frac{3}{14}x\right)=-7\times\left(-\frac{3}{14}\right)\times x$
$=\frac{3}{2}\times x=\frac{3}{2}x$

(6) $\frac{3}{4}y\div\left(-\frac{7}{16}\right)=\frac{3}{4}y\times\left(-\frac{16}{7}\right)$
$=\frac{3}{4}\times\left(-\frac{16}{7}\right)\times y=-\frac{12}{7}\times y=-\frac{12}{7}y$

2 (2) $-(2m-5)=(-1)\times(2m-5)$ と考える。

(3) $(20a-85)\div(-5)=\frac{20a-85}{-5}$
$=\frac{20a}{-5}+\frac{-85}{-5}=-4a+17$

別解 $(20a-85)\div(-5)=(20a-85)\times\left(-\frac{1}{5}\right)$
$=20a\times\left(-\frac{1}{5}\right)+(-85)\times\left(-\frac{1}{5}\right)$
$=-4a+17$

(5) $(-18)\times\frac{4a-5}{3}=(-6)\times(4a-5)$
$=-24a+30$

(6) $\frac{9x+2}{3}\times15=(9x+2)\times5=45x+10$

3 (1) $-2(4-3x)+3(2x-5)$
$=-8+6x+6x-15=12x-23$

(2) $5(3x-6)+2(-x+9)=15x-30-2x+18$
$=13x-12$

(3) $4(2x-1)-3(3x-2)=8x-4-9x+6$
$=-x+2$

(4) $\frac{1}{3}(6x-12)+\frac{3}{4}(8x-4)=2x-4+6x-3$
$=8x-7$

p.19 予想問題 ❷

1 (1) $2x+3>15$ (2) $8a<100$

(3) $6x \geqq 3000$ (4) $2a=3b$

(5) $\frac{3}{10}x<y$ (6) $8a+b=50$

2 (1) 11 本

(2) ① 2 ② $2n+1$

(3) 61 本

解説

1 ポイント 等式は「＝」を使って表す。
不等式は「＜，＞，≦，≧」を使って表す。

a は b より小さい…$a<b$

a は b より大きい…$a>b$

a は b 以下である…$a \leqq b$

a は b 以上である…$a \geqq b$

a は b 未満である…$a<b$

(1) $x\times2+3>15$

(2) $a\times8<100$

(3) $x\times6 \geqq 3000$

(4) $a\times2=b\times3$

(5) ポイント 1％は $\frac{1}{100}$ と表せるから，果汁 30％のジュース x mL にふくまれている果汁の量は $x\times\frac{30}{100}=\frac{3}{10}x$ (mL) である。

(6) 配ったりんごの数は，$a\times8=8a$ (個) だから，りんごの総数は $8a+b$ (個) になる。
※$50-8a=b$ という等式でもよい。

2 (1) 5 個の正三角形をつくるのに必要なマッチ棒は，左端の 1 本に 2 本のまとまりが増えていくと考えると，

$1+2\times5=11$ (本)

(2) n 個の正三角形をつくるのに必要なマッチ棒の本数は次のようになる。

(左端の 1 本)＋(2 本のまとまり)$\times n$

$=1+2\times n=2n+1$

参考 1 個目の正三角形でマッチ棒を 3 本使い，2 個目以降は 2 本のまとまりが増えていくと考えると，

$3+2\times(n-1)=3+2n-2$

$=2n+1$

(3) $2n+1$ に $n=30$ を代入して，

$2\times30+1=61$ (本)

p.20～p.21 章末予想問題

1 (1) $-2ab-5$ (2) $3x-\frac{y^2}{2}$

(3) $\frac{a(b+c)}{4}$ (4) $\frac{a^2c}{3b}$

2 (1) $\frac{x}{6}$ 円 $\left(\frac{1}{6}x\text{ 円}\right)$ (2) $5a-b$

(3) $2(x+y)$ cm (4) $\frac{2}{25}a$ kg

(5) $a-7b$ (m) (6) ab m

3 1 個 x 円のみかん 2 個と 1 個 y 円のりんご 2 個の代金の合計

4 (1) 54 (2) $-\frac{5}{2}$

5 (1) $3x-2$ (2) $-\frac{3}{2}a-\frac{1}{3}$

(3) $-\frac{7}{6}a-\frac{3}{4}$ (4) $-16x+12$

(5) $-9x+4$ (6) $-6x+1$

6 (1) $2x=x+6$

(2) $x-10+y \leqq 25$

解説

4 (1) $3x+2x^2=3\times(-6)+2\times(-6)^2$

$=-18+72=54$

(2) $\frac{x}{2}-\frac{3}{x}=\frac{-6}{2}-\frac{3}{-6}=-3-\left(-\frac{1}{2}\right)=-\frac{5}{2}$

5 (1) $-x+7+4x-9=-x+4x+7-9$

$=3x-2$

(2) $\frac{1}{2}a-1-2a+\frac{2}{3}$

$=\frac{1}{2}a-\frac{4}{2}a-\frac{3}{3}+\frac{2}{3}=-\frac{3}{2}a-\frac{1}{3}$

(3) $\left(\frac{1}{3}a-2\right)-\left(\frac{3}{2}a-\frac{5}{4}\right)=\frac{1}{3}a-2-\frac{3}{2}a+\frac{5}{4}$

$=\frac{2}{6}a-\frac{9}{6}a-\frac{8}{4}+\frac{5}{4}=-\frac{7}{6}a-\frac{3}{4}$

(4) $\frac{4x-3}{7}\times(-28)=(4x-3)\times(-4)$

$=-16x+12$

(5) $(-63x+28)\div7=\frac{-63x+28}{7}$

$=\frac{-63x}{7}+\frac{28}{7}=-9x+4$

(6) $2(3x-7)-3(4x-5)=6x-14-12x+15$

$=-6x+1$

3章　方程式

p.23 テスト対策問題

1 (1) ① 11　② 15　③ 19　④ 23

(2) ③

2 (1) ① 6　② 6　③ 6　④ 19

(2) ① 4　② 4　③ 4　④ −12

3 (1) $x=9$　(2) $x=-3$

(3) $x=8$　(4) $x=\frac{5}{6}$

(5) $x=5$　(6) $x=-5$

(7) $x=-3$　(8) $x=\frac{15}{7}$

(9) $x=-1$　(10) $x=2$

解説

1 (2) (1)の計算結果が，右辺の19になるxの値が答えになる。

2 (1) 等式の性質ではなく，移項の考え方で解くこともできる。

$x-6=13$
$x=13+6$　左辺の −6 を右辺に移項する。
$x=19$

3 **ポイント** 方程式を解くときは，文字の項を左辺に，数の項を右辺に移項して $ax=b$ の形にしていく。

(1) $x+4=13$　$x=13-4$　$x=9$

(2) $x-2=-5$　$x=-5+2$　$x=-3$

(3) $3x-8=16$　$3x=16+8$　$3x=24$　$x=8$

(4) $6x+4=9$　$6x=9-4$　$6x=5$　$x=\frac{5}{6}$

(5) $x-3=7-x$　$x+x=7+3$　$2x=10$　$x=5$

(6) $6+x=-x-4$　$x+x=-4-6$　$2x=-10$　$x=-5$

(7) $4x-1=7x+8$　$4x-7x=8+1$　$-3x=9$　$x=-3$

(8) $5x-3=-2x+12$　$5x+2x=12+3$　$7x=15$　$x=\frac{15}{7}$

(9) $8-5x=4-9x$　$-5x+9x=4-8$　$4x=-4$　$x=-1$

(10) $7-2x=6x-9$　$-2x-6x=-9-7$　$-8x=-16$　$x=2$

p.24 予想問題 ❶

1 (1) −1　(2) 2　(3) 0

(4) 1

2 ㋐，㋓

3 (1) ① −　② −　③ −5

④ [2]

(2) ① 3　② 3　③ 5

④ [4]

(3) ① $+3x$　② $+3x$　③ x

④ [1]

(4) ① $\frac{2}{3}$　② $\frac{2}{3}$　③ 4

④ [3]

解説

1 **ポイント** それぞれの左辺と右辺に解の候補の値を代入して，両辺の値が等しくなれば，その候補の値はその方程式の解といえる。

(4) [−2] 左辺$=4\times(-2-1)=-12$
右辺$=-(-2)+1=3$

[−1] 左辺$=4\times(-1-1)=-8$
右辺$=-(-1)+1=2$

[0] 左辺$=4\times(0-1)=-4$
右辺$=-0+1=1$

[1] 左辺$=4\times(1-1)=0$
右辺$=-1+1=0$　等しい。

[2] 左辺$=4\times(2-1)=4$
右辺$=-2+1=-1$

2 解が2だから，xに2を代入して，左辺＝右辺 となるものを見つける。

㋐ 左辺$=2-4=-2$
右辺$=-2$　等しい。

㋑ 左辺$=3\times2+7=13$
右辺$=-13$

㋒ 左辺$=6\times2+5=17$
右辺$=7\times2-3=11$

㋓ 左辺$=4\times2-9=-1$
右辺$=-5\times2+9=-1$　等しい。

より，㋐と㋓は2が解である。

3 **ポイント** 等式の性質を利用して，方程式を解けるようにしておく。
等式の性質の[1][2]については，移項の考え方を利用することもできる。

p.25 予想問題 ❷

1
(1) $x=10$　(2) $x=7$
(3) $x=-8$　(4) $x=-\frac{5}{6}$
(5) $x=50$　(6) $x=-6$
(7) $x=5$　(8) $x=-7$
(9) $x=-4$　(10) $x=2$
(11) $x=9$　(12) $x=-8$
(13) $x=-6$　(14) $x=\frac{1}{4}$
(15) $x=3$　(16) $x=6$
(17) $x=7$　(18) $x=-7$

解説

1 (1) $x-7=3$　$x=3+7$　$x=10$
(2) $x+5=12$　$x=12-5$　$x=7$
(3) $-4x=32$　$-4x\div(-4)=32\div(-4)$
$x=-8$
(5) $\frac{1}{5}x=10$　$\frac{1}{5}x\times5=10\times5$　$x=50$
(7) $3x-8=7$　$3x=7+8$　$3x=15$　$x=5$
(8) $-x-4=3$　$-x=3+4$　$-x=7$
$x=-7$
(9) $9-2x=17$　$-2x=17-9$　$-2x=8$
$x=-4$
(10) $6=4x-2$　$-4x=-2-6$　$-4x=-8$
$x=2$
(11) $4x=9+3x$　$4x-3x=9$　$x=9$
(12) $7x=8+8x$　$7x-8x=8$　$-x=8$
$x=-8$
(13) $-5x=18-2x$　$-5x+2x=18$
$-3x=18$　$x=-6$
(14) $5x-2=-3x$　$5x+3x=2$　$8x=2$
$x=\frac{1}{4}$
(15) $6x-4=3x+5$　$6x-3x=5+4$
$3x=9$　$x=3$
(16) $5x-3=3x+9$　$5x-3x=9+3$
$2x=12$　$x=6$
(17) $8-7x=-6-5x$　$-7x+5x=-6-8$
$-2x=-14$　$x=7$
(18) $2x-13=5x+8$　$2x-5x=8+13$
$-3x=21$　$x=-7$

p.27 テスト対策問題

1
(1) $x=3$　(2) $x=-2$
(3) $x=33$　(4) $x=5$
(5) $x=2$　(6) $x=3$

2
(1) $x=14$　(2) $x=4$
(3) $x=\frac{21}{4}$　(4) $x=19$

3
(1) ① $12+x$　② $80(12+x)$
③ $240x$
(2) $80(12+x)=240x$
(3) 8時18分　(4) できない。

解説

1 (1) $2x-3(x+1)=-6$　$2x-3x-3=-6$
$2x-3x=-6+3$　$-x=-3$　$x=3$
(2) $\frac{1}{3}x-2=\frac{5}{6}x-1$ の両辺に分母の公倍数の6をかけて，係数を整数になおしてから解く。
$2x-12=5x-6$　$2x-5x=-6+12$
$-3x=6$　$x=-2$
(3) 両辺に12をかけて，$4(x-3)=3(x+7)$
$4x-12=3x+21$　$x=33$
(4) $0.7x-1.5=2$ は係数が小数だから，両辺に10をかけてから解く。　$7x-15=20$
$7x=20+15$　$7x=35$　$x=5$
(5) 両辺に10をかけて，$13x-30=2x-8$
$11x=22$　$x=2$
(6) 両辺に10をかけて，$4(x+2)=20$
$4x+8=20$　$4x=12$　$x=3$

2 ポイント　比例式の性質より，
$a:b=c:d$ ならば，$ad=bc$ を利用する。
(1) $x:8=7:4$ より，$4x=56$ だから，$x=14$
(2) $3:x=9:12$ より，$36=9x$ だから，$x=4$
(3) $2:7=\frac{3}{2}:x$ より，$2x=\frac{21}{2}$ だから，$x=\frac{21}{4}$
(4) $5:2=(x-4):6$ より，
$30=2(x-4)$ だから，$x=19$

3 (3) $80(12+x)=240x$　$960+80x=240x$
$80x-240x=-960$　$-160x=-960$
$x=6$　$12+6=18$（分）
(4) $1800=240x$　$x=7.5$　$16+7.5=23.5$（分）
$80\times23.5=1880$（m）より，兄は駅まで23.5分はかからないので，兄は駅に着いてしまう。

p.28 予想問題 ❶

1 (1) $x=-6$　(2) $x=1$
(3) $x=-3$　(4) $x=-7$

2 (1) $x=-6$　(2) $x=6$
(3) $x=-5$　(4) $x=\frac{7}{4}$

3 (1) $x=-1$　(2) $x=8$

4 (1) $x=8$　(2) $x=-4$
(3) $x=-4$　(4) $x=-6$

5 -3

解説

1 (1) $3(x+8)=x+12$　$3x+24=x+12$
$3x-x=12-24$　$2x=-12$　$x=-6$
(2) $2+7(x-1)=2x$　$2+7x-7=2x$
$7x-2x=-2+7$　$5x=5$　$x=1$
(3) $2(x-4)=3(2x-1)+7$
$2x-8=6x-3+7$　$2x-8=6x+4$
$2x-6x=4+8$　$-4x=12$　$x=-3$
(4) $9x-(2x-5)=4(x-4)$
$9x-2x+5=4x-16$　$7x+5=4x-16$
$7x-4x=-16-5$　$3x=-21$　$x=-7$

2 (1) 6 をかけて，$4x=3x-6$　$x=-6$
(2) 4 をかけて，$2x-4=x+2$　$x=6$
(3) 6 をかけて，$2x-18=5x-3$　$-3x=15$
$x=-5$
(4) 30 をかけて，$6x-5=10x-12$　$-4x=-7$
$x=\frac{7}{4}$

3 (1) 6 をかけて，$3(x-1)=2(4x+1)$
$3x-3=8x+2$　$-5x=5$　$x=-1$
(2) 10 をかけて，$5(3x-2)=2(6x+7)$
$15x-10=12x+14$　$3x=24$　$x=8$

4 (1) 10 をかけて，$7x-23=33$　$7x=56$
$x=8$
(2) 100 をかけて，$18x+12=-60$
$18x=-72$　$x=-4$
(3) 100 をかけて，$100x+350=25x+50$
$100x-25x=50-350$　$75x=-300$
$x=-4$
(4) 10 をかけて，$6x-20=10x+4$
$6x-10x=4+20$　$-4x=24$　$x=-6$

5 x に 2 を代入して，$4+\square=7-6$ より，$\square=-3$

p.29 予想問題 ❷

1 (1) $x=10$　(2) $x=3$

2 (1) ① $4x$　② 13　③ $5x$
④ 15
(2) $4x+13$（枚）　$5x-15$（枚）
(3) 方程式… $4x+13=5x-15$
人数… 28 人
枚数… 125 枚

3 方程式… $5x-12=3x+14$
ある数… 13

4 方程式… $45+x=2(13+x)$
19 年後

5 方程式… $\frac{x}{2}+\frac{x}{3}=4$
道のり… $\frac{24}{5}$ km〔4.8 km〕

解説

1 (1) $x:6=5:3$ より，$x\times3=6\times5$
$3x=30$　$x=10$
(2) $1:2=4:(x+5)$ より，$1\times(x+5)=2\times4$
$x+5=8$　$x=3$

2 (3) $4x+13=5x-15$　$4x-5x=-15-13$
$-x=-28$　$x=28$
画用紙の枚数… $4\times28+13=125$（枚）

3 $5x-12=3x+14$　$5x-3x=14+12$
$2x=26$　$x=13$

4 $45+x=2(13+x)$　$45+x=26+2x$
$x-2x=26-45$　$-x=-19$　$x=19$

5 表にして整理する。

	行き（山のふもとから山頂）	帰り（山頂から山のふもと）
時速（km/h）	2	3
かかった時間（時間）	$\frac{x}{2}$	$\frac{x}{3}$
進んだ道のり（km）	x	x

$\frac{x}{2}+\frac{x}{3}=4$
両辺に 6 をかけて，$3x+2x=24$
$5x=24$　$x=\frac{24}{5}$

p.30～p.31 章末予想問題

1 (1) × (2) ○ (3) × (4) ○

2 (1) $x=7$ (2) $x=4$
(3) $x=-3$ (4) $x=6$
(5) $x=13$ (6) $x=-2$
(7) $x=-18$ (8) $x=2$

3 (1) $x=6$ (2) $x=36$
(3) $x=5$ (4) $x=8$

4 2

5 (1) $5x+8=6(x-1)+2$
(2) 長いす… 12 脚　生徒… 68 人

6 (1) $(360-x):(360+x)=4:5$
(2) 40 mL

解説

1 与えられたxの値を方程式の左辺と右辺に代入して，両辺の値が等しくなるか調べる。

2 (4) 10 をかけて，$4x+30=10x-6$
$-6x=-36$　$x=6$
(5) かっこをはずして，$5x+25=10-24+8x$
$-3x=-39$　$x=13$
(6) 10 をかけて，$6(x-1)=34x+50$
$6x-6=34x+50$　$-28x=56$　$x=-2$
(7) 24 をかけて，$16x-6=15x-24$　$x=-18$
(8) 12 をかけて，$4(x-2)-3(3x-2)=-12$
$4x-8-9x+6=-12$　$-5x=-10$　$x=2$

3 (1) $2x=12$　$x=6$
(2) $9\times32=8x$　$x=36$
(3) $2x=10$　$x=5$
(4) $3(x+2)=30$　$3x+6=30$　$3x=24$　$x=8$

4 両辺に 2 をかけてから，xに 4 を代入する。
$2x-(3x-a)=-2$ より，$8-(12-a)=-2$
$8-12+a=-2$　$a=2$
別解 さきにxに 4 を代入すると，
$4-\dfrac{3\times4-a}{2}=-1$　$4-\left(\dfrac{12}{2}-\dfrac{a}{2}\right)=-1$ より，$a=2$

5 (1) 生徒の人数は，
5 人ずつだと 8 人すわれない → $5x+8$ (人)
6 人ずつだと最後の 1 脚は 2 人 → $6(x-1)+2$ (人)と表せる。6 人ずつすわる長いすの数は $x-1$ (脚) になることに注意する。

6 (2) 比例式の性質を使うと，
$5(360-x)=4(360+x)$ より，$x=40$

4章　変化と対応

p.33 テスト対策問題

1 (1) $-4\leqq x\leqq3$ (2) $0<x<7$

2 (1) $y=50x$　比例定数… 50
(2) $y=4x$　比例定数… 4

3 (1) ① $y=2x$　② $y=-10$
(2) ① $y=-4x$　② $y=20$

4 A(2, 3)　B(0, 4)
C(−4, −2)　D(4, −4)

5

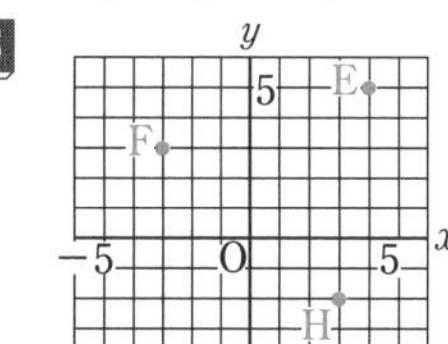

解説

1 注意 変域は不等号「<，>，≦，≧」を使って表す。
aはbより小さい…$a<b$
aはbより大きい…$a>b$
aはb以下である…$a\leqq b$
aはb以上である…$a\geqq b$
aはb未満である…$a<b$

2 ポイント 比例定数は，比例では $y=ax$ の形で表された式のaのことである。

3 ポイント yはxに比例するので，比例定数をaとして，$y=ax$ とおき，x，yの値を代入してaの値を求める。
(1) ① $x=3$，$y=6$ を代入すると，
$6=a\times3$ だから，$a=2$ となり，
$y=2x$
② $y=2x$ に $x=-5$ を代入すると，
$y=2\times(-5)=-10$
(2) ① $x=6$，$y=-24$ を代入すると，
$-24=a\times6$ だから，$a=-4$ となり，
$y=-4x$
② $y=-4x$ に $x=-5$ を代入すると，
$y=-4\times(-5)=20$

5 (4, 5) で表される座標は，左側の数字がx座標，右側の数字がy座標を表すから，
Eは原点Oから右へ 4，上へ 5 だけ進んだところにある点である。

p.34 予想問題 ❶

1 ㋐，㋑，㋒，㋔

2 (1) $-2<x<5$　(2) $-6\leqq x<4$

3 (1) ① 54　② 72　③ 90

(2) 2 倍，3 倍，4 倍になる。

(3) $y=6x$

(4) いえる。

4 (1) $y=8x$　比例定数… 8

(2) $y=45x$　比例定数… 45

(3) $y=70x$　比例定数… 70

解説

1 **ポイント** y が x の関数であるかは，x の値を決めると y の値がただ 1 つ決まるかどうかで判断する。関係式は次のようになる。

㋐ $y=\frac{5}{2}x$　㋑ $y=x^2$　㋒ $y=4x$

㋓ x の値を決めても，y の値がただ 1 つに決まらないから，y は x の関数ではない。

㋔ 円周率を 3.14 とすると，$y=6.28x$

3 (1) 長方形の面積は，縦×横 で求められる。

① $6\times9=54$

② $6\times12=72$

③ $6\times15=90$

(2) $x=0$，$y=0$ のときを除くと，x の値が 2 倍になると y の値も 2 倍になり，x の値が 3 倍，4 倍，…になると，y の値も 3 倍，4 倍，…になる。

(3) (1)より，$y=6x$

別解 $x=0$，$y=0$ のときを除いて，x と y の値の関係を考えると，

$18\div3=6$，$36\div6=6$

になっていることを利用する。

(4) $y=ax$ の形で表されているので，比例するといえる。

4 **ポイント** $y=ax$ の形で表されるときの a の値が比例定数である。

(1) 長方形の面積＝縦×横 より，

$y=x\times8$ だから $y=8x$

(2) 1 m の 値段×買った針金の長さ＝代金

より，$45\times x=y$ だから $y=45x$

(3) 道のり＝速さ×時間 より，

$y=70\times x$ だから $y=70x$

p.35 予想問題 ❷

1 (1) $y=4x$　(2) $y=-5x$

(3) $y=-6$　(4) $x=-\frac{4}{3}$

2 (1) $y=16x$　(2) 1200 km

(3) 25 L

3 (1) A(4, 6)

B(−7, 3)

C(−5, −7)

D(0, −3)

(2) 右の図

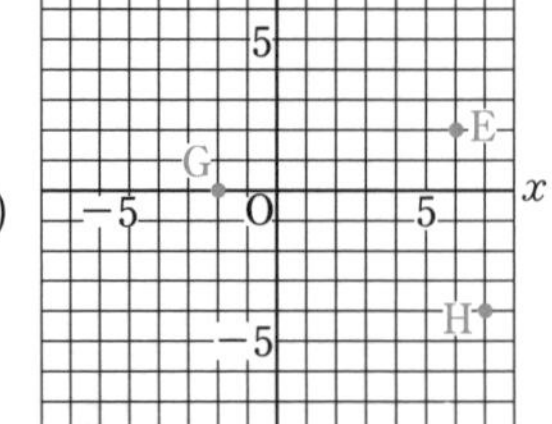

解説

1 (2) y は x に比例するので，$y=ax$ と表せる。$x=-4$，$y=20$ を代入して，

$20=a\times(-4)$ より，$a=-5$ だから，

$y=-5x$

(3) $y=\frac{3}{2}x$ に $x=-4$ を代入。

(4) $y=6x$ に $y=-8$ を代入。

2 (1) 1 L あたり $320\div20=16$ (km) 走る。

(2) (1)で求めた $y=16x$ に，$x=75$ を代入。

(3) (1)で求めた $y=16x$ に，$y=400$ を代入。

p.37 テスト対策問題

1

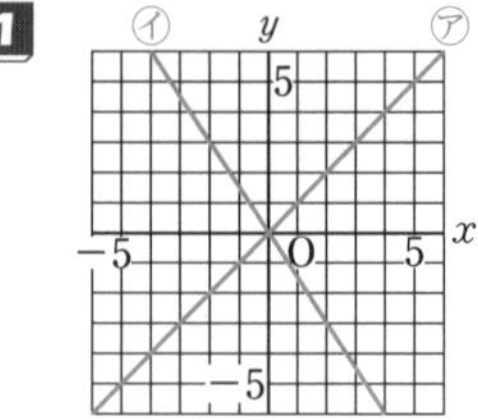

2 ㋓

3 (1) $y=\frac{40}{x}$

(2) $y=-\frac{12}{x}$

(3) 右の図

4 (1) $y=\frac{180}{x}$　反比例する。

(2) $y=\frac{12}{x}$　反比例する。

解説

1 **ポイント** 比例のグラフは原点以外に x 座標が 1 の点か，x 座標と y 座標が整数となる点を 1 つ求めて，原点とその点を結ぶ直線をかく。

㋐　$y=x$ に $x=1$ を代入すると，$y=1$ より，原点と点 (1, 1) を結ぶ直線をかく。

㋑　$y=-\frac{3}{2}x$ に $x=2$ を代入すると，

$y=-\frac{3}{2}\times2=-3$ より，原点と点 (2, −3) を結ぶ直線をかく。

2 ㋐～㋓の式が通る点を調べる。そのとき，x 座標，y 座標がともに整数となる点がよい。なお，グラフから比例を表す $y=ax$ の式の a は正とわかるから，㋑は候補として考えなくてよい。㋓の式で x に 4 を代入すると，$y=\frac{3}{4}\times4=3$ より，点 (4, 3) を通るが，与えられたグラフも (4, 3) を通っているので，答えは㋓になる。

3 (1)　毎分 x L ずつ水を入れていくと y 分間でいっぱいの 40 L になるから，

$xy=40$ が成り立つので，$y=\frac{40}{x}$

(2)　y は x に反比例するので，比例定数を a として，$y=\frac{a}{x}$ と表せる。

$x=4$, $y=-3$ を代入すると，

$-3=\frac{a}{4}$ より，$a=-12$ だから，$y=-\frac{12}{x}$

(3) **ポイント**　反比例のグラフは，x 座標や y 座標が整数となる点をできるだけ多くとって，なめらかな曲線をかく。

ここでは，

(1, −2), (2, −1), (−1, 2), (−2, 1) をとって，曲線をかく。

x 軸や y 軸とは交わらないことに注意する。

4 **ポイント**　関係式を求めて，「$y=ax$」の形で表せると，比例の関係であるといえ，「$y=\frac{a}{x}$」の形で表せると，反比例の関係であるといえる。

(1)　$180\div x=y$ より，$y=\frac{180}{x}$ と表せるので，y は x に反比例する。

(2)　速さ×時間＝道のり だから，

$xy=12$ より，$y=\frac{12}{x}$ と表せるので，y は x に反比例する。

p.38 予想問題 ❶

1 (1)

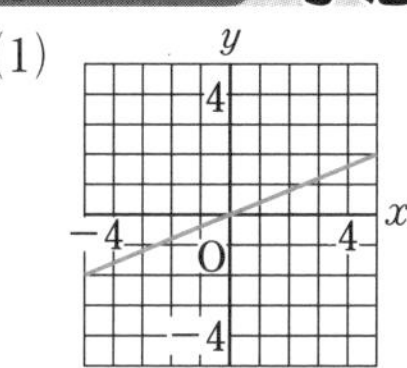

(2)

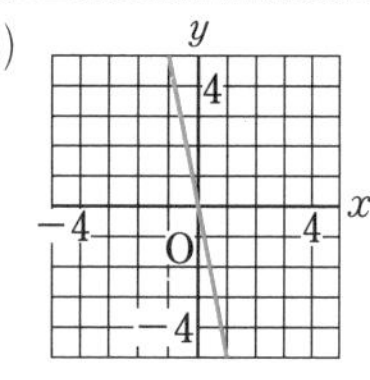

(3)

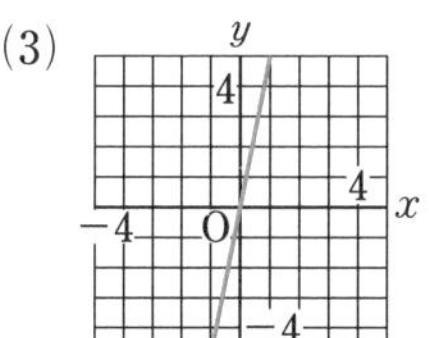

(4)

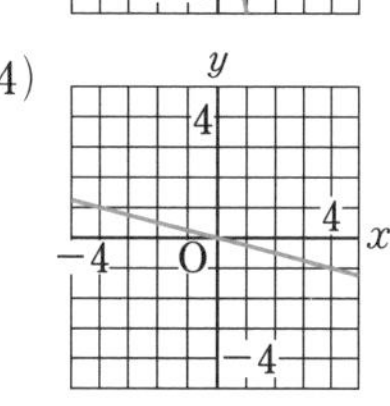

2 (1) $y=2x$　(2)

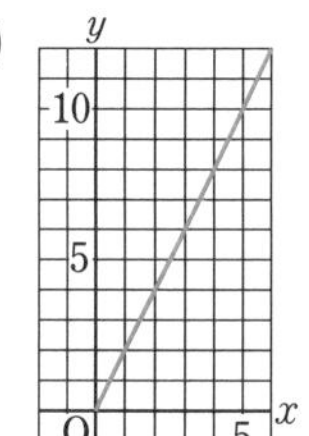

(3) $0\leqq x\leqq6$

3 (1) $y=\frac{21}{x}$

(2) 42 日間　(3) $\frac{3}{4}$ L

解説

1 **ポイント**　グラフをかくための座標は整数になる点を選ぶ。$y=ax$ の a が分数のときは分母の数字を x 座標の値にするとよい。

(1)　$y=\frac{2}{5}x$ に $x=5$ を代入すると，

$y=\frac{2}{5}\times5=2$ より，原点と点 (5, 2) を結ぶ直線をかく。

(4)　$y=-\frac{1}{4}x$ に $x=4$ を代入すると，

$y=-\frac{1}{4}\times4=-1$ より，原点と点 (4, −1) を結ぶ直線をかく。

2 (1)　毎分 2 L ずつ水を入れるので，$y=2x$

(2) **ミス注意!**　はいる水の量が y だから，0 より小さい値にはならない。また，12 L しかはいらない水そうだから，y の変域は $0\leqq y\leqq12$ なので，グラフも $0\leqq y\leqq12$ の範囲でかく。

(3)　$y=12$ となる x の値は $12=2\times x$ より，$x=6$ だから，$0\leqq x\leqq6$

別解　水そうに水を入れるのにかかる時間を考えて，0 分以上，$12\div2=6$ より，6 分以下。

3 (1)　灯油の総量は $0.6\times35=21$ (L) だから，関係式は $xy=21$ より，$y=\frac{21}{x}$ となる。

(2)　$xy=21$ に $x=0.5$ を代入する。

p.39 予想問題 ❷

1 (1) $y=-\dfrac{20}{x}$　(2) $y=\dfrac{15}{x}$

(3) $y=-3$

(4) $a=15$

$y=\dfrac{5}{3}$

2 (1)　(2)

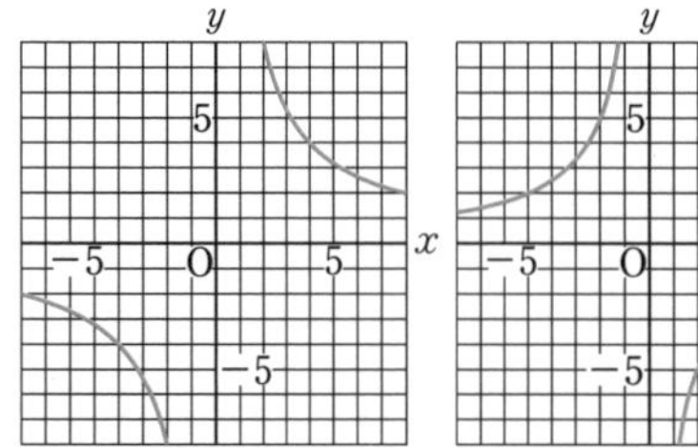

3 (1) **比例する。**　(2) **道のり**

解説

1 (1) 反比例の比例定数は $y=\dfrac{a}{x}$ の a のことだから，$a=-20$ より，$y=-\dfrac{20}{x}$

(2) 比例定数を a として，$y=\dfrac{a}{x}$ に $x=-3$, $y=-5$ を代入すると，$-5=\dfrac{a}{-3}$

$a=15$ だから，$y=\dfrac{15}{x}$

(3) $y=-\dfrac{24}{x}$ に $x=8$ を代入する。

$y=-\dfrac{24}{8}=-3$

(4) $y=\dfrac{a}{x}$ に $x=3$, $y=5$ を代入する。

2 x 座標や y 座標が整数となる点をできるだけ多くとって，なめらかな曲線をかく。

(1) (2, 8), (4, 4), (8, 2) を通る曲線と，(−2, −8), (−4, −4), (−8, −2) を通る曲線をかく。

(2) (−2, 5), (−5, 2) を通る曲線と，(2, −5), (5, −2) を通る曲線をかく。

3 (1) 平行四辺形の面積＝底辺×高さ だから，それぞれ y, a, x と考える。

(2) 速さ×時間＝道のり，道のり÷速さ＝時間，道のり÷時間＝速さ だから，積が一定になるのは，速さ×時間＝道のり の関係である。

p.40〜p.41 章末予想問題

1 (1) $y=\dfrac{1}{20}x$, ○　(2) $y=50-3x$, ×

(3) $y=\dfrac{300}{x}$, △

2 (1) $y=3$　(2) $y=12$

3 (1) (2)　(3) (4)

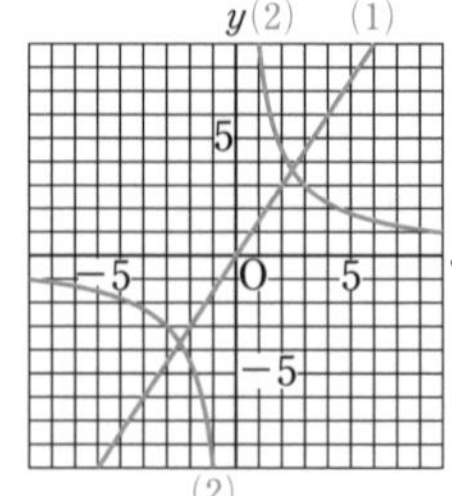

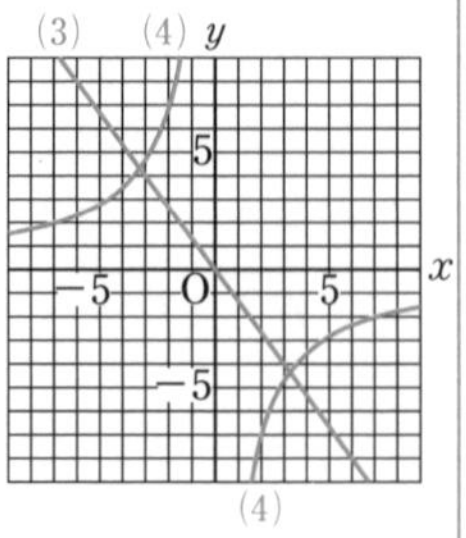

4 (1) $y=\dfrac{720}{x}$　(2) **20 回転**

(3) **48**

5 (1)

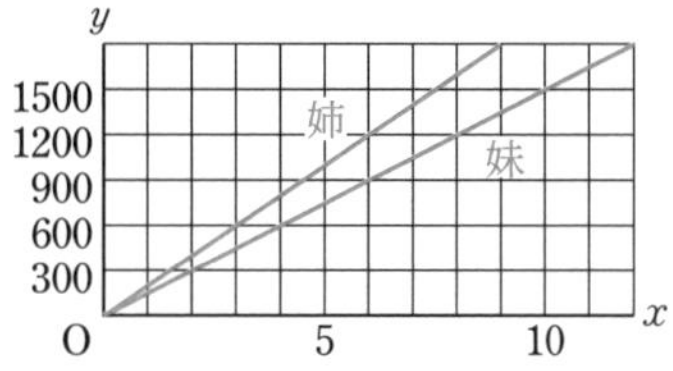

(2) **6 分後**　(3) **450 m のところ**

解説

1 ポイント　$y=ax$ の形のとき，比例。

$y=\dfrac{a}{x}$ の形のとき，反比例。

2 (1) $y=\dfrac{2}{3}x \rightarrow y=\dfrac{2}{3}\times 4.5=\dfrac{2}{3}\times\dfrac{9}{2}=3$

(2) $y=-\dfrac{24}{x} \rightarrow y=-\dfrac{24}{-2}=12$

4 (1) かみ合う歯車では，歯数×1分間の回転数は等しくなるので，

$xy=40\times 18=720$

5 (1) 1, 2, 3, …分後の進んだ道のりを計算して，時間を x，進んだ道のりを y とする座標で表される点をとって，直線で結ぶ。

(2) 姉… $y=200x$　妹… $y=150x$

$200x-150x=300$ より，$x=6$

(3) $y=200x$ の式に $y=1800$ を代入すると，$1800=200x$ より，$x=9$ になる。

9 分後の妹は $150\times 9=1350$ (m) のところにいるので，妹は図書館まであと $1800-1350=450$ (m) のところにいる。

5章　平面図形

p.43　テスト対策問題

1　(1)

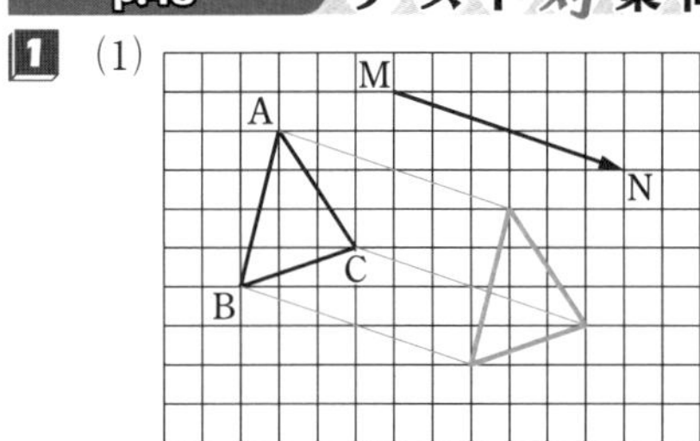

(2) ㋐　　　　　　　　㋑

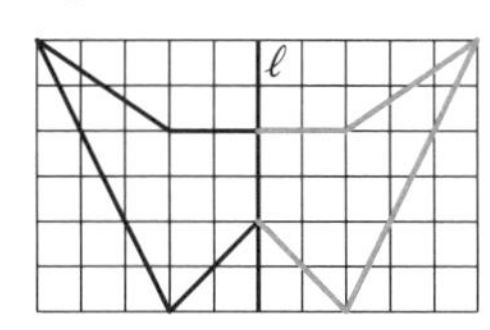

2　(1) △EFO，△DOC

(2) △OEF　　　　(3) △OAF

3　(1)

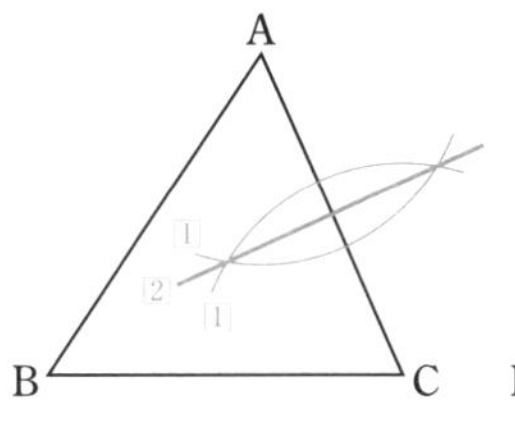

(2)

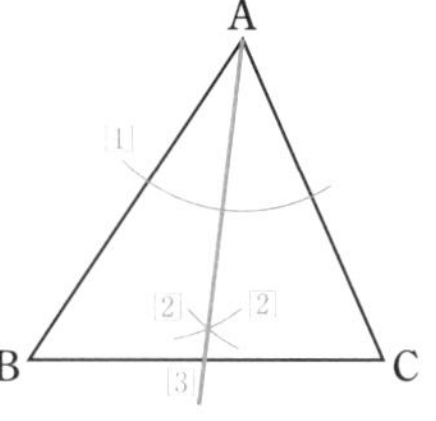

(3)

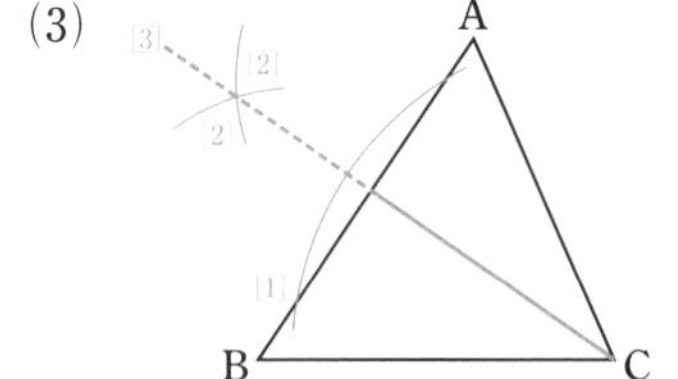

解説

1　**ポイント**　長さや角度はマス目を使って測る。

(1)　各点を矢印 MN の長さだけ MN に平行に移動させる。

(2)㋐　各点と点Oを結ぶ線分を，同じ長さだけOのさきへのばし，のばした線分の端の点をとって，それらの点を結ぶ。

㋑　各点から ℓ に垂線をひき，ℓ からの距離がそれぞれの点と等しい点をとって，それらの点を結ぶ。

3　**注意**　作図でかいた線は消さずに残しておく。

(3)　頂点Cから辺 AB へひいた垂線と AB との交点をHとすると，線分 CH は，AB を底辺としたときの △ABC の高さになる。

p.44　予想問題 ❶

1

A
B
O
C

2　(1)　　　　　　(2)

A　C　ℓ
B

ℓ
A
B
C

3　(1) 線分 BE，線分 CF

(2) ∠EDG，∠FDH

(3) 辺 DE，辺 DG

解説

1　180° 回転移動させることを点対称移動という。

p.45　予想問題 ❷

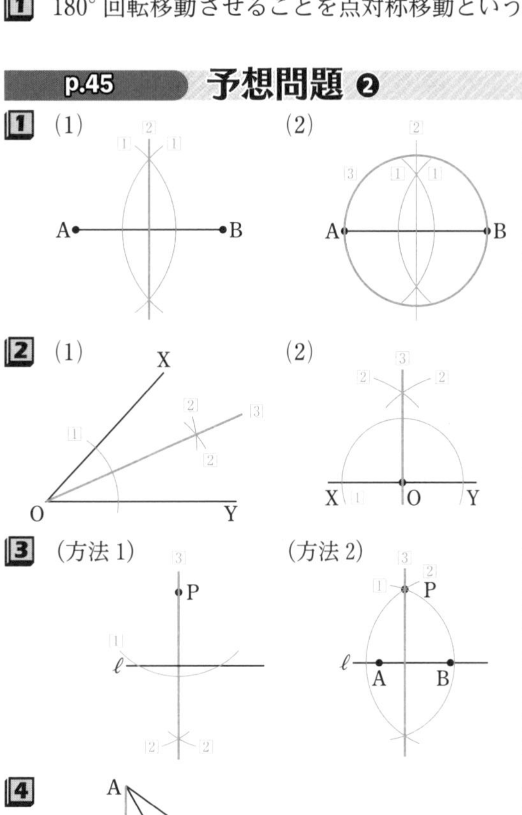

p.47 テスト対策問題

1 (1)

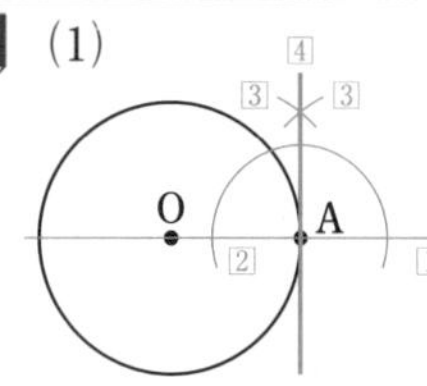

(2)

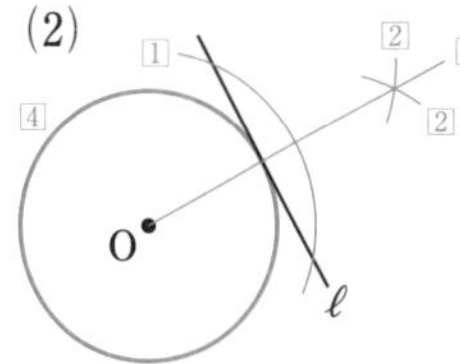

2 (1) $\dfrac{7}{12}$ **倍**　　(2) $\boldsymbol{7\pi}$ **cm**

(3) $\boldsymbol{21\pi}$ **cm²**

3 **中心角…240°**　　**面積…$\boldsymbol{96\pi}$ cm²**

解説

2 (1)　中心角で比べて，$\dfrac{210}{360}=\dfrac{7}{12}$ (倍)

(2)　$2\pi\times6\times\dfrac{7}{12}=7\pi$ (cm)

(3)　$\pi\times6^2\times\dfrac{7}{12}=21\pi$ (cm²)

3　半径 12 cm の円の周の長さは

$2\pi\times12=24\pi$ (cm) だから，中心角を x° として比例式をつくると，

$16\pi:24\pi=x:360$ より，$x=240$

別解 中心角を x° として，おうぎ形の弧の長さの公式を使って，方程式

$16\pi=2\pi\times12\times\dfrac{x}{360}$ をつくり，これを解く。

p.48 予想問題 ❶

1 (1)

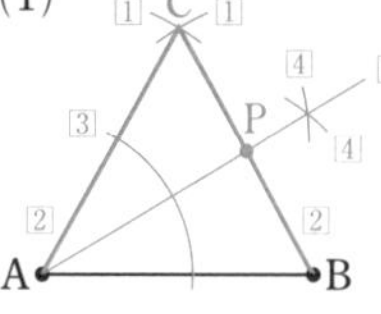

(2)

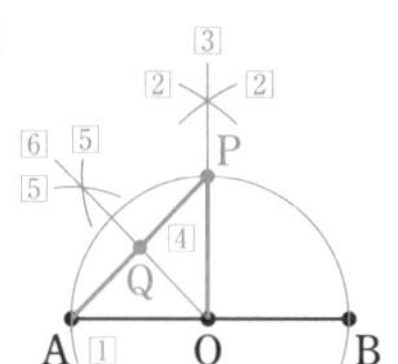

2 (1)

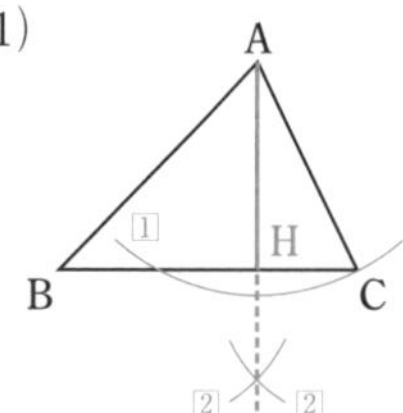

(2)

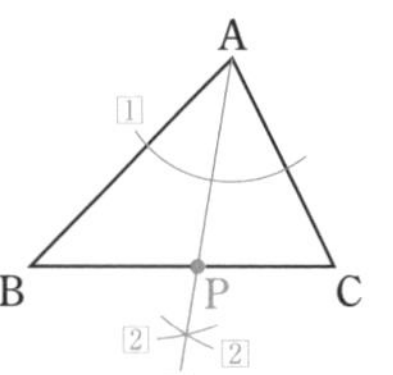

3

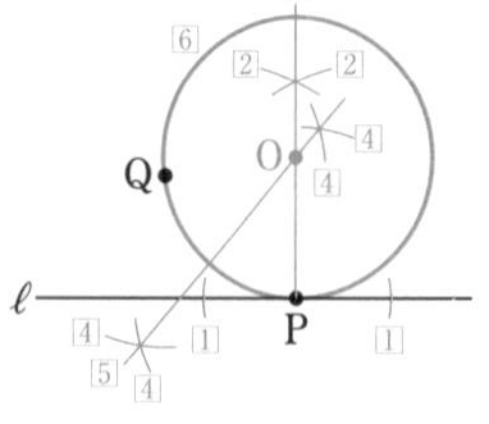

p.49 予想問題 ❷

1

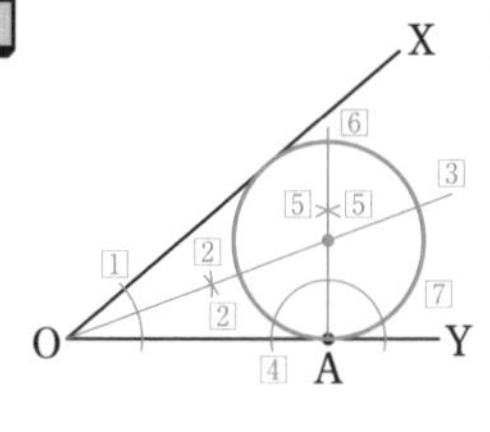

2

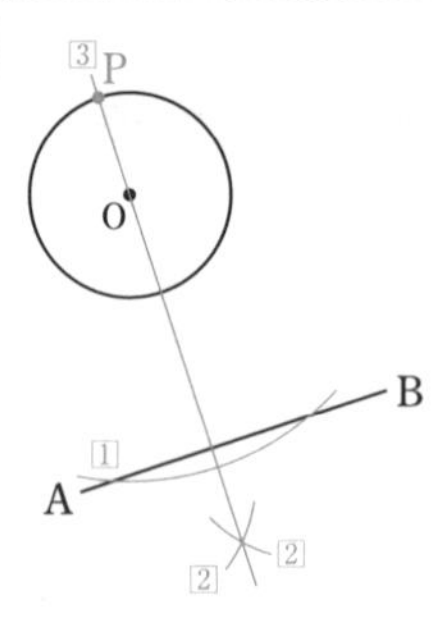

3 (1) **弧の長さ…** $\dfrac{8}{3}\pi$ **cm**　　**面積…** $\dfrac{32}{3}\pi$ **cm²**

(2) **弧の長さ… 40π cm**　　**面積… 600π cm²**

(3) **弧の長さ… 7π cm**　　**面積… 14π cm²**

解説

3 (1)　弧の長さ　$2\pi\times8\times\dfrac{60}{360}=\dfrac{8}{3}\pi$ (cm)

面積　$\pi\times8^2\times\dfrac{60}{360}=\dfrac{32}{3}\pi$ (cm²)

p.50～p.51 章末予想問題

1 (1) ① ＝　　② ⊥

(2) **辺 CD，∠CAB**　　(3) **180°**

2

A　B　C　O

3 (1) **54°**　　(2)

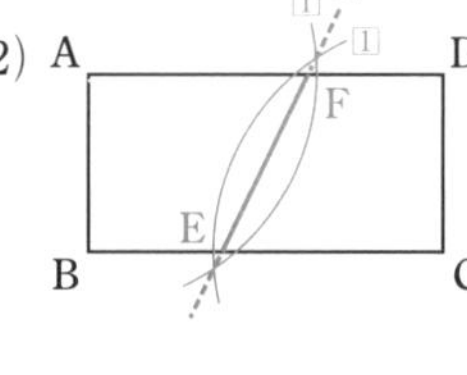

4 **弧の長さ**

… 6π cm

面積… 24π cm²

5 (1)　(2)

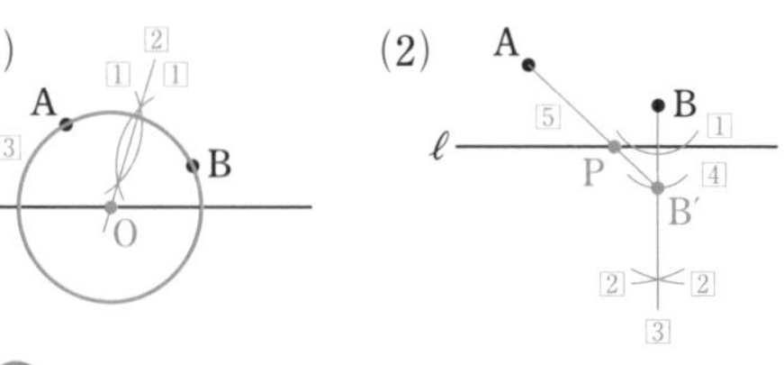

解説

5 (2)　最短距離を考えるときは，直線にすることを考えればよいので，直線 ℓ を対称の軸として，点Bと対応する点 B′ を作図する。直線 AB′ と ℓ との交点をPとする。

6章　空間図形

p.53 テスト対策問題

1 (1) ① 角柱　② 三角柱
③ 四角柱　④ 円柱
(2) ① 角錐　② 三角錐
③ 四角錐　④ 円錐

2

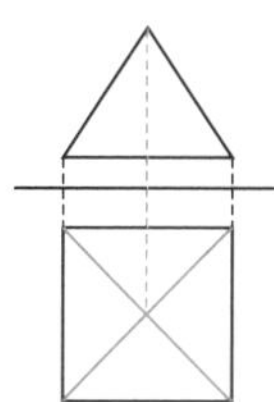

3 32π cm

4 (1) 直線 AE, 直線 EF, 直線 DH, 直線 HG
(2) 平面 ABFE
平面 DGH〔平面 DCGH〕
(3) 5本
(4) 平面 EFGH

解説

2 平面図には，4つの側面を表す実線をかき，対応する頂点どうしを結ぶ破線をひく。

3 側面になる長方形の横の長さは，円柱の底面の円の周の長さと等しいから，
$2\pi\times16=32\pi$ (cm)

4 (1) 平面 AEHD や平面 EFGH は長方形だから，
EH⊥AE, EH⊥EF, EH⊥DH, EH⊥HG
(2) AD⊥AB, AD⊥AE より，AD は AB, AE をふくむ平面 ABFE と垂直である。
また，AD⊥CD, AD⊥DH より，AD は DC, DH をふくむ平面 DCGH,
すなわち平面 DGH と垂直である。
(3) **ポイント** ねじれの位置にある2直線は，平行でなく，交わらない直線を調べる。
直線 BD と平行でなく，交わらない直線は，
直線 AE, EF, FG, GH, HE
の5本ある。
(4) 2つの平面が交わらないときが平行である。
平面 ABCD と平行な平面を考える。

p.54 予想問題 ❶

1 (左から順に)
㋐ 5, 五面体, 三角形, 長方形
㋑ 三角錐, 四面体, 三角形, 6
㋒ 四角柱, 6, 六面体, 長方形, 12
㋓ 5, 四角形, 三角形, 8
㋔ 円柱, 円
㋕ 円錐, 円

2 (1) 球
(2) 三角錐
(3) 直方体

3 (1) 線分 AB
(2) 右の図

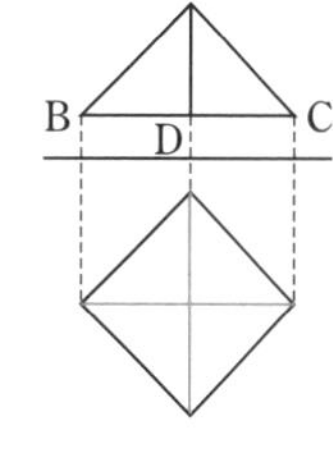

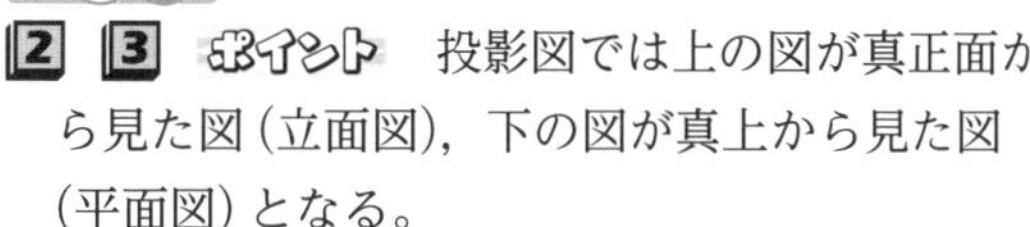

2 **3** **ポイント** 投影図では上の図が真正面から見た図 (立面図), 下の図が真上から見た図 (平面図) となる。

p.55 予想問題 ❷

1 右の図

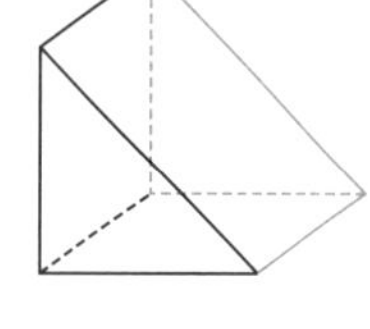

2 ㋑, ㋒, ㋓, ㋕

3 (1) 直線 EF,
直線 DC,
直線 HG
(2) 平面 AEHD, 平面 DCGH
(3) 平面 DCGH
(4) 直線 BF, 直線 FG, 直線 CG, 直線 BC
(5) 直線 BC, 直線 DC, 直線 FG, 直線 HG
(6) 直線 AD, 直線 BC, 直線 AE, 直線 BF
(7) 平面 ABCD, 平面 BFGC,
平面 EFGH, 平面 AEHD

解説

2 **ポイント** 同じ直線上にない3点が決まれば，平面は1つに決まる。
㋐「2点をふくむ平面」はいくつもある。
㋔「ねじれの位置にある2直線をふくむ平面」は存在しない。

3 (5) 平行でなく，交わらない直線が，ねじれの位置にある直線である。

p.57 テスト対策問題

1 (1) **四角柱** (2) **五角柱**
(3) **円柱**

2 (1) **$90°$** (2) **16π cm^2**

3 (1) **192 cm^3** (2) **147π cm^3**

4 (1) **120 cm^2** (2) **12π cm^2**

解説

1 角柱や円柱は，底面がそれと垂直な方向に動いてできた立体とも考えられる。動かした図形が四角形なら四角柱，五角形なら五角柱，円なら円柱となり，平行に動かした長さが高さである。

2 ポイント 円錐の側面になるおうぎ形の弧の長さは，底面の円の周の長さに等しい。

(1) おうぎ形の中心角を $x°$ とすると，

$$(2\pi\times2):(2\pi\times8)=x:360$$
$$4\pi:16\pi=x:360$$
$$4\pi\times360=16\pi\times x$$
$$1440\pi=16\pi x$$
$$x=90$$

(2) $\pi\times8^2\times\frac{90}{360}=16\pi\ (\text{cm}^2)$

別解 側面積を S cm^2 とすると，
$S:(\pi\times8^2)=(2\pi\times2):(2\pi\times8)$
これを解くと，$S=16\pi$

3 角錐や円錐の体積$=\frac{1}{3}\times$底面積$\times$高さ

(1) $\frac{1}{3}\times8^2\times9=192\ (\text{cm}^3)$

(2) $\frac{1}{3}\times\pi\times7^2\times9=147\pi\ (\text{cm}^3)$

4 ミス注意！ 表面積を求めるときに，底面積をたし忘れないようにする。

(1) 底面積 $6\times6=36\ (\text{cm}^2)$
側面積 $(6\times7\div2)\times4=84\ (\text{cm}^2)$
表面積 $36+84=120\ (\text{cm}^2)$

(2) 底面積 $\pi\times2^2=4\pi\ (\text{cm}^2)$
側面になるおうぎ形の中心角を $x°$ とすると，
$(2\pi\times2):(2\pi\times4)=x:360$
これを解くと，$x=180$
側面積 $\pi\times4^2\times\frac{180}{360}=8\pi\ (\text{cm}^2)$
表面積 $4\pi+8\pi=12\pi\ (\text{cm}^2)$

p.58 予想問題 ❶

1 (1) **母線**
(2) **(上から順に)**
㋐ **円柱，長方形，円**
㋑ **円錐，二等辺三角形，円**
㋒ **球，円，円**

2 (1) ㋐，㋓ (2) ㋐，㋒

3 **体積… 180 cm^3** **表面積… 192 cm^2**

解説

1 ポイント (2) 回転体を，回転の軸をふくむ平面で切ると，切り口は回転の軸を対称の軸とする線対称な図形になる。また，回転の軸に垂直な平面で切ると，切り口はすべて円になる。

3 体積 $6\times6\times5=180\ (\text{cm}^3)$
表面積 $(6\times6)\times2+5\times(6\times4)=192\ (\text{cm}^2)$

p.59 予想問題 ❷

1 (1) **半径… 9 cm** **中心角… $160°$**
(2) **弧の長さ… 8π cm** **面積… 36π cm^2**

2 (1) **体積… 72 cm^3** **表面積… 132 cm^2**
(2) **体積… 1568 cm^3** **表面積… 896 cm^2**
(3) **体積… 80π cm^3** **表面積… 72π cm^2**
(4) **体積… 96π cm^3** **表面積… 96π cm^2**

3 **体積… 18π cm^3** **表面積… 27π cm^2**

解説

1 (1) 側面になるおうぎ形の半径は，円錐の母線の長さに等しいから 9 cm である。
そのおうぎ形の中心角を $x°$ とすると，
$(2\pi\times4):(2\pi\times9)=x:360$ より，$x=160$

(2) 側面になるおうぎ形の弧の長さは，底面の円の周の長さに等しいから，
$2\pi\times4=8\pi\ (\text{cm})$
面積は $\pi\times9^2\times\frac{160}{360}=36\pi\ (\text{cm}^2)$

2 ミス注意！ 角錐，円錐の体積を求めるときに $\frac{1}{3}$ をかけることを忘れないようにする。

(4) 側面になるおうぎ形の中心角を $x°$ とすると，
$(2\pi\times6):(2\pi\times10)=x:360$ より，$x=216$

3 1回転させてできる立体は，半径 3 cm の球を半分に切った立体で，その表面積は，球の表面積の半分と切り口の円の面積の合計になる。

p.60～p.61 章末予想問題

1 (1) ㋖　(2) ㋒
(3) ㋐，㋕　(4) ㋓，㋗，㋘
(5) ㋐，㋑，㋒，㋓

2 (1) **平面 BFGC，平面 EFGH**
(2) **直線 CG，直線 DH**
(3) **平面 ABCD，平面 EFGH**
(4) **直線 AE，直線 BF，直線 CG，直線 DH**
(5) **平面 ABCD，平面 EFGH**
(6) **直線 CG，直線 DH，直線 FG，直線 GH，直線 HE**

3 ㋑，㋓，㋔

4 (1) **12 cm^3**　(2) **100π cm^3**

5 **900 cm^3**

6 **体積… 48π cm^3　表面積… 48π cm^2**

解説

3 ㋐　交わらない 2 直線は，ねじれの位置にあるときは平行ではない。
㋒　1 つの直線に垂直な 2 直線は，交わるときやねじれの位置にあるときは平行ではない。
㋕　平行な 2 平面上の直線は，ねじれの位置にあるときは平行ではない。

㋒
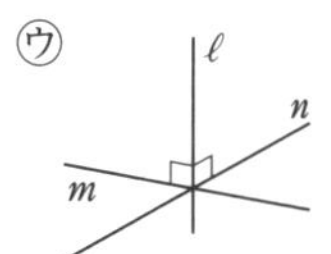

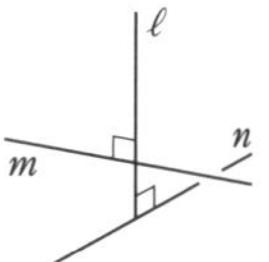

㋕
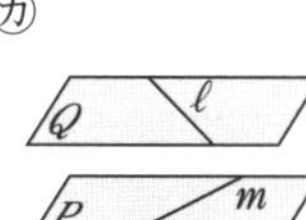

4 (1)　底面は直角をはさむ 2 辺が 3 cm と 4 cm の直角三角形で，高さが 2 cm の三角柱だから，
$\left(\frac{1}{2}\times4\times3\right)\times2=12$ (cm^3)
(2)　底面の円の半径が $10\div2=5$ (cm)，
高さが 12 cm の円錐だから，
$\frac{1}{3}\times\pi\times5^2\times12=100\pi$ (cm^3)

5 水は底面が直角三角形で，高さが 12 cm の三角柱の形だから，$\left(\frac{1}{2}\times15\times10\right)\times12=900$ (cm^3)

6 1 回転させてできる立体は，円柱と円錐をあわせた立体だから，体積，表面積はそれぞれ
$\pi\times3^2\times4+\frac{1}{3}\times\pi\times3^2\times4=48\pi$ (cm^3)
$\pi\times3^2+4\times(2\pi\times3)+\pi\times5^2\times\frac{216}{360}=48\pi$ (cm^2)

7章　データの活用

p.63 予想問題

1 (1) **5 cm**
(2) **145 cm 以上 150 cm 未満の階級**
(3) **15 人**　(4) **152.5 cm**
(5)
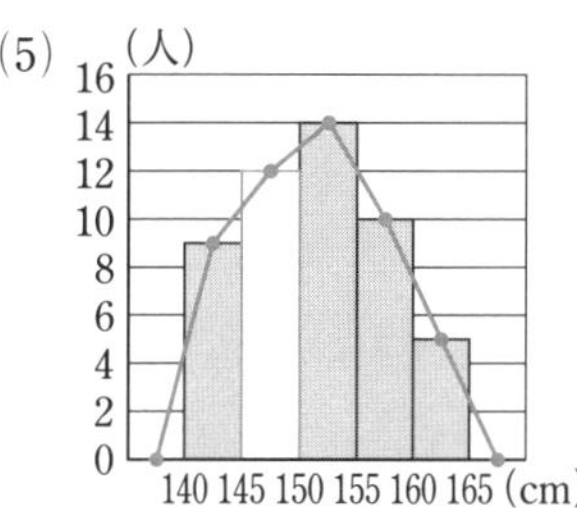

2 (1) ① **15**　② **0.20**
③ **0.35**　④ **0.25**
⑤ **0.30**　⑥ **0.65**
⑦ **0.90**
(2) **50 点**

3 **0.58**

解説

1 (1)　ポイント　データを整理するために用いる区間を「階級」といい，その区間の幅が「階級の幅」である。
階級の幅は，例えば，140 cm 以上 145 cm 未満の階級で考えて，
$145-140=5$ (cm)
参考　階級の幅を求めるときは，どの階級で計算してもよい。
$150-145=5$ (cm)
$155-150=5$ (cm)
⋮
(2)　未満はその数をふくまないので，
145 cm 以上 150 cm 未満の階級にはいる。
(3)　155 cm 以上 160 cm 未満の階級の度数が 10 人，160 cm 以上 165 cm 未満の階級の度数が 5 人だから，
$10+5=15$ (人)
(4)　$(150+155)\div2=152.5$ (cm)
(5)　注意　ヒストグラムを使って度数分布多角形をかくときは，両端に度数 0 の階級があると考えて，ヒストグラムの各長方形の上の辺の中点をとり，とった点を折れ線で順に結ぶ。

2 (1) ① 度数の合計が 60 人だから,

$60-(6+12+21+6)$

$=15$ (人)

② 20 点以上 40 点未満の階級の度数は 12 人だから,

$\frac{12}{60}=0.20$

③ 40 点以上 60 点未満の階級の度数は 21 人だから,

$\frac{21}{60}=0.35$

④ ①より, 60 点以上 80 点未満の階級の度数は 15 人だから,

$\frac{15}{60}=0.25$

⑤ **ポイント** 最初の階級から, その階級までの相対度数の合計が累積相対度数である。

$0.10+0.20=0.30$

⑥ $0.10+0.20+0.35=0.65$

別解 前の階級の累積相対度数を利用する。

$0.30+0.35=0.65$

└ 20 点以上 40 点未満の階級の累積相対度数

⑦ $0.10+0.20+0.35+0.25=0.90$

別解 前の階級の累積相対度数を利用する。

$0.65+0.25=0.90$

└ 40 点以上 60 点未満の階級の累積相対度数

(2) **ポイント** データの値の中でもっとも多く現れる値が最頻値である。

度数分布表では, 度数のもっとも多い階級の階級値を最頻値として用いる。

度数 21 人がもっとも多いから, 40 点以上 60 点未満の階級の階級値が最頻値となる。

$(40+60)\div 2=50$ (点)

3 画びょうを 2000 回投げて 1160 回針が上向きになったから,

$\frac{1160}{2000}=0.58$

参考 画びょうなどを投げるとき, 投げる回数が少ないうちは, 相対度数のばらつきが大きいが, 回数が多くなると, そのばらつきが小さくなり, 一定の値に近づく。この値を確率として考える。

p.64 章末予想問題

1 (1) **21 m** (2) **14 m** (3) **22 m**

2 (1) ① **7.6** ② **9** ③ **38.0**

④ **79.2** ⑤ **328.0**

(2) **8.2 秒** (3) **20 人** (4) **0.25**

3 **0.19**

解説

1 データを小さい順に並べると,

15, 16, 18, 20, 21, 23, 27, 27, 29

になる。

(1) データの個数が奇数だから, 中央の 21 m。

(2) 分布の範囲は, 最大値－最小値 で求める。

$29-15=14$ (m)

(3) データの個数が偶数の 10 個の場合は, 中央に並ぶ 5 番目と 6 番目の 2 つの値の平均をとって,

$(21+23)\div 2=22$ (m)

2 (1) ① $(7.4+7.8)\div 2=7.6$

② $40-(3+5+12+10+1)=9$

③ $7.6\times 5=38.0$

④ $8.8\times 9=79.2$

⑤ $21.6+38.0+96.0+84.0+79.2+9.2$

$=328.0$

(2) 平均値＝$\frac{(階級値\times度数)の合計}{度数の合計}$ だから,

$328.0\div 40=8.2$ (秒)

参考 データの個々の値の合計をデータの個数でわった値が「平均値」であるが,

「度数分布表から平均値を求める」ときは, 次のようにする。

1 階級値を求め, 階級値×度数 を計算する。

2 1で求めた値をすべて加える。これをデータの個々の値の合計と考える。

3 2で求めた結果を度数の合計でわり, 平均値とする。

(3) $3+5+12=20$ (人)

(4) 8.2 秒以上 8.6 秒未満の階級の度数は 10 人だから, $\frac{10}{40}=0.25$

3 確率はそのことがらの起こりやすさの度合いを表し, 実験の回数が多くなると相対度数で表すことができるから, $\frac{380}{2000}=0.19$

6 5 4
D C B A